JIYU NENGLIANG HANSHU DE DIANLI XITONG
ZANTAI WENDING TEXING YANJIU



# 基于能量函数的电力系统暂态稳定特性研究

刘群英 / 编著

电子科技大学出版社
University of Electronic Science and Technology of China Press
· 成都 ·

**图书在版编目(CIP)数据**

基于能量函数的电力系统暂态稳定特性研究 / 刘群英编著. — 成都：电子科技大学出版社，2022.12

ISBN 978-7-5647-9506-1

Ⅰ. ①基… Ⅱ. ①刘… Ⅲ. ①电力系统—暂态特性—稳定性—研究 Ⅳ. ①TM71

中国版本图书馆 CIP 数据核字（2022）第 240707 号

**基于能量函数的电力系统暂态稳定特性研究**

**刘群英　编著**

策划编辑　郭蜀燕
责任编辑　郭蜀燕

出版发行　电子科技大学出版社
　　　　　成都市一环路东一段 159 号电子信息产业大厦九楼　邮编 610051
主　　页　www.uestcp.com.cn
服务电话　028-83203399
邮购电话　028-83201495

印　　刷　成都市火炬印务有限公司
成品尺寸　185mm×260mm
印　　张　8
字　　数　162 千字
版　　次　2022 年 12 月第 1 版
印　　次　2022 年 12 月第 1 次印刷
书　　号　ISBN 978-7-5647-9506-1
定　　价　40.00 元

# 前　言

PREFACE

在我国大力推进新能源发电以及同步提高大电网互联程度的形势下，电力系统规模迅速扩大。系统结构变得更加复杂，未知因素更多，因此系统的安全维护也更加重要和困难。作为电力系统安全问题的扩展和深入，电力系统稳定性及与稳定性密切相关的脆弱性问题，具有重大的研究价值。

本书以已有的电力系统稳定性研究理论成果为基础，以电力系统的物理特性为依据，采用能量的观点从确定性的角度展开对电力系统的脆弱性、暂态稳定性的研究，主要目的是寻找有效和快速的脆弱性及暂态稳定性评估模型和控制方法，具体研究内容如下。

第一，本书归纳和总结了国内外电力系统稳定性和脆弱性研究的技术和经济特性，包括研究的意义、相关问题的国内外研究现状、所取得的成果以及存在的不足。同时归纳和总结了暂态能量函数的基本理论及其在电力系统中的应用。

第二，本书研究了影响系统脆弱性的两个重要因素，即电压脆弱性和结构脆弱性。在总结现有的电压稳定性研究方法以及常用的指标模型基础上，本书针对电压与无功以及无功与能量之间存在的对应关系，提出了两种新的基于静态能量函数的电压脆弱性评估指标模型，同时探讨了不同的无功注入成分变化对评估指标的影响。同时，通过将支路的有功传输变化量映射到支路势能上，建立了新的评估支路当前有功输送与支路有功输送极限的距离的指标模型，并结合潮流分析的方法推导了预测脆弱度。

第三，基于暂态能量函数对系统运行状态的灵敏性，本书提出一种基于暂态能量灵敏性因子的电力系统暂态失稳模式识别方法。首先通过研究能量功角关系和能量电压关系，分别建立了电压和功角的暂态能量关系函数。然后，通过均值和归一化方法处理暂态能量关系函数，得到了识别暂态失稳主导模式的灵敏度函数指标。在此基础上，对于暂态功角失稳状态和暂态电压失稳状态，研究了相应的控制措施。同时，基于暂态能量传输与流动理论提出了紧急控制量的计算方法，形成了完整的电力系统暂态失稳识别及控制综合策略。

综上所述，综合考虑电力系统的多种状态量和控制量、寻求多种方法深入研究电网暂态稳定性和脆弱性问题，以保证电力系统的安全稳定，是电力调度和研究人员一直关注的问题。本书从所提暂态能量函数观点出发，针对电网脆弱性的不同方面，包括电压脆弱性、支路脆弱性以及暂态稳定性及控制等不同方面提出了相应的评估和控制方法，对维护今后的互联大电网的安全稳定性具有理论指导意义和实用价值。

# 目 录

CONTENTS

# 第一章 概　论

## 1.1 概　述

电力工业作为一种先进的生产力和基础产业，与社会经济和社会发展有着十分密切的联系，它不仅关系到人们的日常生活，还关系到国家经济安全和社会稳定。随着世界经济的发展，各国对电能的需求量都在不断增加，促使电网规模向国内互联化和国际互联化格局发展。经济的发展刺激了电网的扩展，而电网的安全运行更是社会经济平稳发展的保证。

在电力产业管制时期，电网的设计、建设和运行过程，都由政府和公共机构统一规划，确保了发电、输电与负荷的增长保持一致，这在很大程度上约束了可能导致系统扰动的过负荷以及装置故障。并且，因发电权和输电权拥有者少，电力系统运行在详细的规划和协调方式下，极少暴露在未知扰动中，因此电网通常是安全的。在电力产业向开放的市场转化过程中，大量可能增加系统扰动、缩减系统鲁棒性的不可预测的因素，如基础设施的老化和新设备的短缺、系统维修的减少、对控制和保护系统的依赖性增加、类型繁多的分布式发电、电力市场以及电网的互联趋势等的引入，越来越明显地影响着电网安全性。近年来，国际上发生了一系列大面积停电事故，造成重大经济损失，促使电网安全上升到国家安全的战略高度。

电网的安全运行可以保证高水平的供电可靠性和电能质量。在工业发达国家，高水平的供电可靠性至关重要。西欧联合电网通过在电网规划、电网运行方式安排和电网运行中严格执行“N-1安全准则”，以此为依据优化电网结构，合理安排电网的运行方式，从而确保电网的安全运行，保证了供电可靠性。从20世纪70年代开始，随着我国经济发展加速，人们生活水平的提高，导致了对电量的需求的增加和质的要求的提高，同时促进了电网互联进程的加快。电网互联的目的是提高系统的经济性能和协调地区负荷特性，但是也进一步增高了电网的复杂性和不确定性，安全问题也逐渐凸现出来。从我国的基本国情来看，造成我国的电网安全问题主要有以下原因。

（1）电网安全稳定运行的物质基础薄弱，电网建设投资不足导致了电网结构薄弱和设备良莠不齐的问题长期存在。

（2）一次能源分布和经济发展不均衡。为了在全国范围内进行资源优化配置，电网运行采用大容量机组，超（特）高压、长距离、大负荷输电方式，导致系统始终运行在稳定极限附近。

（3）电网互联导致了更加复杂的安全稳定问题。电网互联实现了更大范围内的资源优化，但互联电网的稳定问题并不是子系统稳定问题的简单叠加，失稳造成的影响和损失更大；同时系统运行和调度情况复杂化，导致电网的安全问题更加突出。

（4）电力市场化进程的推进，要求机组频繁投切和线路输电量不断变化，这将导致电网被更多不确定的因素影响。

从电力系统安全性问题延伸出来的脆弱性研究，不仅包括系统安全性程度变化过程的量化，还涉及对系统各种参数的影响过程探讨，涵盖静态和动态安全问题，是对安全性问题更详尽和深入的描述。在当前的电力系统发展形势下，脆弱性研究也面临更大的挑战：①电力市场环境要求电网运行部门按照在线工况来动态修正运行极限值和控制策略，挖掘电网的输电能力，因此，电网安全运行迫切需要脆弱性的在线定量评估和优化控制作为技术基础；②在电力市场化下电网的运行方式更加灵活，电网潮流多变，仅仅针对典型运行方式开展脆弱性程度的离线量化分析，根据计算结果确定电网运行控制极限，已远远不能完全满足电力市场下电网运行校核的需要；③对电网脆弱性进一步量化并提供合适的激励信号，促进资源的合理配置成为市场机制的新要求，而市场介入为电网带来更多的不确定性，既加大了电网安全维护的难度，还对电网脆弱因素的量化造成困难；④新能源并网增加了电网复杂性和不可预测性，脆弱性问题将涉及更多系统参数的影响，因此脆弱性分析将面临更大数据量处理以及更加苛刻的计算速度，通常的仅依靠潮流的计算方式和仅依靠单个或少数参数来评价系统脆弱性的方式已显得力不从心。

总之，随着电网规模的不断扩大、电力市场机制的逐步引入和人们对电能质量要求的不断提高，电网安全问题在世界各国引起了高度重视，而脆弱性研究作为稳定性问题的深入，也因此具有十分重要的理论意义和经济价值。

上述原因促成了我国的电网脆弱性研究课题的展开。电力市场化和电网规模的扩大，势必会引起电力系统的规划、运行、管理、技术支持系统等各方面的变革。采用怎样的策略进行电网的脆弱性在线量化，具体针对哪些量进行量化，如何辨识和评价脆弱因素，是目前迫切需要研究和解决的问题。

同时，国内外多次大停电的历史经验教训，让我们对电力系统暂态稳定问题有了足够的重视。电力系统是一个错综复杂的系统，在其暂态运行过程中，可能只发生了一种失稳状态，也可能是电压失稳和功角失稳状态同时出现，相互耦合，相互影响。此时，如果只是单独地针对电压失稳或功角失稳进行研究和控制可能不会有显著的效果，甚至有可能适得其反，对电力系统的安全稳定运行造成更大的威胁。因此，准确识别主导暂态失稳状态是有效实施暂态稳定控制措施的关键环节。对于电压稳定和功角稳定的二者各自的判别，国内外已经有一些颇为成熟的方法，但是对于耦合状态下的主导暂态失稳状态识别与控制，目前并没有一个全面完善的识别指标体系与控制策略。因此，在暂态失稳发生时，如何准确地识别主导的暂态失稳状态，并施加相应的控制措施进行有效的控制，对于电力系统的安全稳定运行具有非常重要的意义。

## 1.2　电力系统脆弱性研究现状

### 1.2.1　电压脆弱性研究现状

传统的电压稳定性，是指系统在遭受扰动之后节点电压能否恢复到稳定约束范围的性质，研究方法主要是定性分析，重在确定局部系统电压崩溃的门槛值或给出安全因子来量化特定运行点到电压崩溃点的距离，常用方法包括特征根分析、灵敏度、奇异值分析 、分岔理论、功率法、相量测量法、风险分析法、人工神经元法、能量函数法。而电压脆弱性是指系统在遭受某种扰动之后，系统中局部或全部母线电压已经降低或呈现降低趋势，并向临界崩溃点逼近的特性。该特性侧重体现电压从稳定向临界失稳的过渡过程，是电压脆弱性评估分析的对象。由于电压脆弱性受诸如发电机有功注入、无功注入、无功补偿量、无功负荷以及变压器分接头调节等很多控制量的影响，因此对电压脆弱性的分析，需要具备两方面的判据：①系统当前电压运行点到临界电压运行点的距离，用于衡量系统当前运行状态的安全程度；

②电压在系统范围内的控制量变化影响下的发展趋势。对应上述判据，电压脆弱性需要计算两个指标：脆弱性程度指标和脆弱性趋势指标。

迄今为止，国内外学者对电压脆弱性做了一定的研究，所用方法主要是基于概率和基于能量函数两类：一类是基于概率的电压风险指标从系统不确定性角度来评价电压脆弱性，另一类是在势能函数基础上定义安全因子来分析随着发电机无功出力极限变化时电压的脆弱性。其中，从系统的物理特性出发，从确定性的角度研究了系统的电压脆弱性，为进一步研究系统多种无功成分影响下的电压脆弱性提供了借鉴。然而，目前对电压脆弱性方面的研究理论主要是基于电压稳定性理论，而真正切合电压脆弱性方面的研究还很缺乏，无论是理论基础还是研究思路，都还需要进行深入的探讨。

### 1.2.2 电网结构脆弱性研究现状

目前，国内外不少研究者对电力系统结构脆弱性进行了一定研究，所采用的方法大致可分为四类：能量函数法、基于概率和风险理论的方法、复杂网络理论以及人工智能的结合等。主要思路有：①能量裕度及其随有功输送的变化趋势作为系统安全指标来评估系统脆弱性，将暂态能量的变化规律与割集理论结合来识别网络的脆弱支路；②从系统保护的角度建立优化模型，并提出系统充裕度指标和系统脆弱性指标的安全概率，从系统脆弱源发生的概率和造成的影响两方面入手提出低电压、过负荷风险指标来定量评估系统脆弱性；③引入风险理论从电能短缺、容量短缺和系统故障三个方面来评估系统供电能力的脆弱性；④基于复杂网络理论，提出了用带权重的支路介数来辨识电网中对系统脆弱性影响大的支路或提出以电网的连通性水平作为电网脆弱性评估判据来评估电网的脆弱性。上述方法为电网脆弱性评估向深入和实用方向发展提供极其重要的借鉴作用。

由于某些因素在特定环境下叠加在一起时往往导致网络中的某一个脆弱节点或支路发生故障，而该处的故障所引起的变化（如电压、频率或负荷的峰值等）将立即影响到与其相关联的其他环节，同时这些相关联的环节可能还存在自身的脆弱性，在这些影响的共同作用下，可能导致许多保护装置和自动装置的相继动作，使故障影响在一定范围内传播和扩大，形成级联崩溃，最终导致大面积的系统灾变。因此，电力系统脆弱环节的辨识也是非常重要的，国内学者在这方面提出了很多研究思路。在结构保持模型的基础上，根据网络中暂态能量的变化规律，定义了支路及割集的脆弱性指标；依赖于该指标值的排序，可以有效地识别出影响电力系统暂态稳定性的关键支路。基于保持多机系统原有结构模型，通过对大扰动后注入系统中的暂态能量的变化和在网络中的分布情况，利用各输电支路脆弱性指标排序识别出一个临界割集，从而实现对输电网络薄弱环节的识别。基于复杂网络理论，提出了使用带权重线路介数作为脆弱线路指标的辨识方法，定义线路的带权重线路介数为其因被网络中发电机与负荷之间的最短电气路径经过而承受的负载和，并采取将电力网络中线路的介数指标提高到与其相邻的所有线路中介数指标最高的介数值的办法修正；基于复杂网络理论，提出通过度数指标来揭示电力网络的脆弱环节，有助于对连锁故障在大电网中传播机理的研究。并提出了基于小世界拓扑模型的大型电网脆弱性评估的综合算法，对电网的拓扑建模、基本特征参数的统计以及故障模拟与脆弱性评估等各部分的独立算法进行了设计。上述思路主要从割集理论、复杂网络理论两个方面针对脆弱支路进行辨识，具有一定的理论深度和实用价值。随着电压安全性问题的不断突出，辨识电压脆弱节点也是维护系统安全的重要内容，但目前对于辨识电压脆弱节点的方法还没有明确的结论，因此，这方面的研究工作同样需要大力开展。

## 1.3 电力系统暂态稳定分析及主导性识别的国内外研究现状

### 1.3.1 暂态稳定性分析方法国内外研究现状

对暂态失稳状态识别的研究离不开暂态稳定性分析方法。多年以来，暂态稳定分析方法已经越来越成熟和完善。随着科技的进步和各种新兴产业的出现，暂态稳定分析方法也与时俱进，传统与现代结合，出现了很多很具有创新性的方法。同时，随着电网的发展和用电设备的多元化，电力系统暂态稳定性分析也面临着越来越多的挑战。可以说，电力系统暂态稳定性分析一直在路上。目前，暂态稳定性分析方法主要有三大研究方向：时域仿真法、直接法（暂态能量函数法）以及人工智能方法。下面将分别介绍这三类不同方法的特征、研究现状和发展态势。

（1）时域仿真法

时域仿真法是以系统潮流解为初值，采用一定的数值解法，并根据系统扰动情况，联立求解微分方程组和代数方程组的一种方法。这类方法通过对机电暂态过程的数值仿真结果的分析，来研究系统的暂态稳定性。对于微分方程的求解，主要有显式法（如欧拉法、改进的欧拉方法和龙格—库塔法等）、隐式法（如二阶梯形积分法和改进的梯形积分法）、混合积分法、变步长解法等。

时域仿真法能给出状态变量随时间的响应，其数学模型完善，所以适用于各种复杂的模型和扰动方式。但是它的计算复杂、计算速度慢，难以实时在线分析。为了解决时域仿真法计算速度慢的问题，很多文献提出了快速的时域仿真法，但是这种方法的缺陷在于，得出的定量信息不一定可靠，而且对关键参数的评估不一定有保障。

（2）直接法

直接法也就是暂态能量函数方法。它以李雅普诺夫（Lyapunov）稳定性理论为基础，通过构造一个能够反映电力系统暂态特征的函数来评估系统暂态稳定性。直接法总是将系统看作初态情形，用稳定判据代替数值仿真。这种分析方式适应非线性大系统，缩短了计算时间，提高了判别速度，有利于实时分析。除此之外，直接法还适用于非线性大系统，可以对系统暂态稳定性进行定量分析。

直接法在电力系统的应用始于20世纪50年代后期，由于时域仿真方法需要复杂的计算，使得人们开始探索是否能够找到更简单的方法来分析电力系统的暂态稳定性，这就是直接法的由来。50年代至70年代末，研究者试图从数学上构造一种严格的李雅普诺夫函数（简称李氏函数），使得它能够反映电力系统的暂态特征。后来的一段时间，相较于李氏函数，采用波波夫准则构造的Lure型函数有了更好的发展，但是也不能避免保守性。

20世纪70年代末到80年代初，Athay、Fouad等人提出和改进相关不稳定平衡点法（RUEP），为直接法的研究开辟了新的前景。他们在确定稳定域的方式上，构造了一个更能反映系统物理特性的能量函数，在很大程度上改善了早期直接法的保守性。从那以后，暂态能量函数法的模型和方法进入了一个繁荣时期，由此产生了很多新模型来构造暂态能量函数，如基于稳定边界的主导不稳定平衡点法和势能界面法（PEBS），以及网络结构保持模型等。

在20世纪80年代中期，Tsolas等人基于网络结构保持模型提出了一个暂态能量函数，由于基于网络结构保持模型的暂态能量函数具有可以保留网络结构特征完整性的优势，它得到了进一步的发展，并在许多研究中得到了应用。20世纪90年代后期，Moon等人在考虑到发电机励磁和调速器模型控制效果的基础上，建立了两个定理来改善传统的能量函数在表示发电机模型上的局限性。对于各种详细的发电机模型（包括调速器和励磁机控制回路）都具有广泛的适应性。

（3）人工智能方法

随着20世纪30年代第三次科技革命的兴起，人工智能算法逐渐进入人们的视野，并不断被应用于各个领域中。电力系统领域的学者们也不断尝试将各种人工智能领域的方法应用在暂态稳定分析中。如模式识别、神经网络、决策树理论、支持向量机等。他们主要从输入特征的选择、模型的构造、学习训练方法、评估目标等方面与传统电力系统暂态分析相结合，并进行了大量的应用探索和创新。

纵观三种主要的暂态稳定分析方法，直接方法可以通过构造暂态能量函数来直接解释系统变化的机理，并分析暂态过程中的不稳定状态。同时，暂态能量函数方法因其快速计算的优点而适用于在线安全性和稳定性分析。

与时域仿真方法相比，暂态能量函数法可以直接体现系统的稳定性裕度，而无须求解微分方程。与此同时，暂态能量函数将许多状态变量集成到一个综合函数中，并考虑了暂态过程中多个部分的能量变化对系统运行状态的影响，在暂态稳定性分析中具有很重要的优势和研究价值。因此，本书选择以暂态能量函数方法为基础理论方法来进行研究。

### 1.3.2　暂态失稳主导性识别方法研究现状

根据电力系统的定义和分类，暂态电压稳定性和暂态功角稳定性是电力系统暂态稳定性分析中两个非常重要的方向。在这两个方向上各自的探索和研究已经趋于成熟，并提出了许多方法。但是，在电力系统的暂态过程中，由于发电机励磁系统与输电网络的负载动态特性之间的相互作用，通常会耦合暂态功角稳定和暂态电压稳定两种状态。不同的稳定状态具有不同的发展机制，并具有相应的控制措施。因此，准确识别主导的暂态失稳状态是有效实施控制的关键步骤。

在电力系统暂态稳定性识别方面，一些研究者从机理分析的角度研究了平衡点和奇异点、振荡中心和负载区域电压、有功功率的微分方程等，从而确定了电力系统的主导暂态失稳情况。

本书还提出了一种直接方法，通过分析微分方程和代数方程的动态行为特征来确定电力系统在暂态过程中的不稳定性模式，不过还需要进行更多的仿真和控制以证明其有效性。

结合了电网的特性，并以振荡中心和负载电压为指标分别确定了功角的稳定性和电压的稳定性。但是，这种识别仍然是分离式的，并没有在相同的指标框架下，对暂态电压和暂态功角的耦合机理进行分析。

汤涌等人基于戴维南等值跟踪和功率全微分方程，根据送端和受端的有功功率的特性，提出了一种主导失稳模式的识别指标，其能够快速计算的代价是忽略了无功功率的影响，同时戴维南等值隐藏了很多系统结构特性的影响。

除了结合电力系统机理的一些研究和分析之外，还有其他一些文献将暂态稳定性识别的问题与模糊集理论和深度学习方法相结合进行了研究。提出了一种基于模糊集理论的用于识别不同失稳模式和失稳程度的模糊综合判据，但其中仅涉及有限数量特征的提取，对动态特征机理的分析也需要改进。

参照功率角稳定性和电压稳定性的特征，建立了深度学习模型，实现了两种模式的不稳定性识别。但是，由于训练样本数量有限，因此模型识别的准确性仍需要提高。

综合以上情况，对于目前暂态失稳识别的研究主要有两大方向。一种是机理型的研究，从电力系统机理出发，研究和识别系统的暂态失稳状态。主要包括分离式的识别方法，即分别根据不同失稳进行不同的识别与研究，这种方法对于多种失稳同时存在、相互耦合的情况分析不足；还有汤涌团队的基于戴维南等值的系列方法，更多的是在小系统上进行等值分析，而对于复杂大系统中的应用还有待验证。二是方法型的研究，结合一些例如模糊理论和深度学习的方法进行研究，在物理的可解释性上有很大的局限性，同时在模型的训练上也受样本情况的影响。结合电力系统暂态稳定性分析方法，该书将从网络结构耦合特性的角度入手分析，以暂态能量函数法为基础理论，识别暂态失稳状态。

## 1.4　暂态稳定控制方法国内外研究现状

根据电力系统的负荷约束条件和运行约束条件，电力系统的运行状态一般可以分为安全状态、不安全状态和危险状态三种，如图 1-1 所示。电力系统将随着运行条件的变化在各种运行状态之间转换。

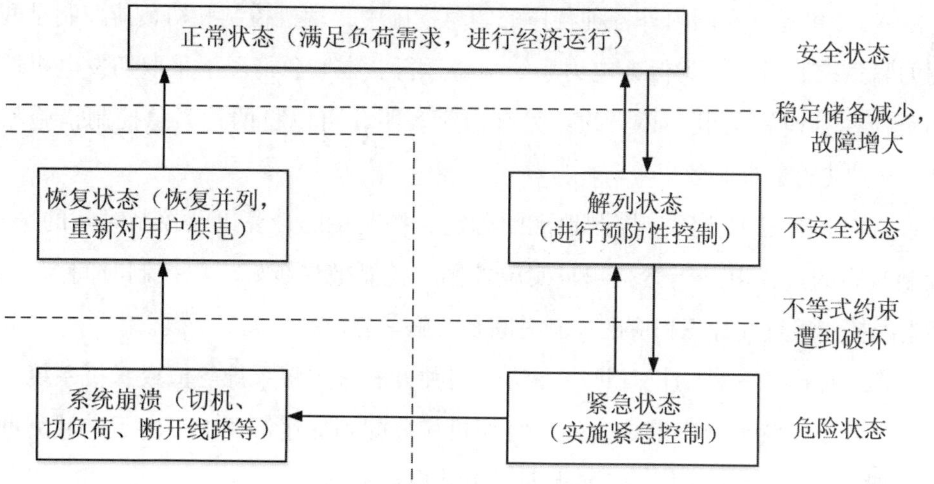


图1-1 电力系统运行状态示意图

在电力系统处于正常运行状态时，满足任意时刻的负荷与发电量相匹配；在电力系统处于非正常运行状态时，需要通过自动控制和保护装置及运行人员的动作配合，及时准确地切除系统的故障部分，避免引起大范围停电事故，进而尽快解除故障，使系统从异常状态快速恢复到正常供电水平。

由于经济原因和运行限制，现代电力系统正在接近其设计稳定性极限运行。当遭受大的干扰时，电力系统进入紧急状态，有很高的风险会失去同步甚至停电。在这种情况下，实时应急控制对于电力系统平稳运行至关重要。紧急控制的主要步骤是识别暂态失稳情况并开始控制，使系统恢复到一种新的平衡，从而回到正常运行状态。仅当系统确实处于失稳时，才应激活紧急控制。因此，在保障紧急控制实时性的情况下，准确和有效的实施紧急控制非常重要，否则不合理的紧急控制措施可能会适得其反，使系统更快地陷入崩溃。

国际大电网会议（CIGRE）电气与电子工程学会（IEEE）所调查的各类紧急控制措施的使用情况，见表1-1所列。

**表1-1 世界各国稳定控制措施装置使用调查表**

| 类型 | 使用情况(%) | 类型 | 使用情况(%) |
|---|---|---|---|
| 切发电机 | 21.6 | 切负荷 | 10.8 |
| 切负荷及切发电机 | 4.5 | 低频减载 | 8.2 |
| 系统解列 | 6.3 | HVDC控制 | 3.6 |
| 气门控制 | 6.3 | 复合方式 | 11.7 |
| 无功补偿 | 1.8 | 其他 | 25.2 |

由表1-1可见，在国内外各种各样的紧急措施中，切机控制和切负荷控制是两种常用的紧急控制措施。为保证电力系统平稳运行，在紧急情况下采取切发电机控制和切负荷控制措施是很有必要的。另有研究表明，可以将两种紧急控制措施相结合，以实现更好的控制效果。

紧急控制有三大要素：控制地点的确定、控制量的计算以及控制时间的选择。在控制时间的选择上，当然是越早实施控制，控制效果越好。以控制时间为变量，如何选择控制地点并计算相应的控制时间是实施紧急控制的关键问题。

有学者提出了一种切机量计算方法。这种方法首先将系统等值成二机系统，然后求解了等值系统的暂态能量，最后将切机量分配到加速机群中。由于广域测量能够实现实时控制，因此采用了广域测量的方式取得数据。

也有学者对紧急切负荷控制的优化进行了研究。通过修改目标函数的形态（在其中叠加了一项母线电压偏差），使修正后的母线暂态电压能够符合控制要求。

还有学者提出了一种轨迹灵敏度法进行模型简化与变换，并通过引入一种启发式优化算法得到模型的近似最优解。

近年来，随着暂态能量函数的发展和应用，国内外学者也在不断地进行将暂态能量函数法应用于暂态稳定控制的研究，提出采用暂态能量函数估算稳定裕度，根据最小归一化势能裕度选择正确的干扰模式，计算了控制不稳定平衡点（CUEP），并将离线应用与在线应用相结合，使暂态能量函数方法能够实时应用于紧急控制过程中。目前为止，基于暂态能量函数的紧急控制方法在控制地点的确定与控制量的计算上仍然有很宽广的发展空间。

## 1.5 新型电力系统面临的相关问题

一个安全的电力系统，无论是故障前后，都应该运行在期望的运行水平，这意味着必须对系统进行多方面的脆弱性评估和全局的暂态稳定性分析，包括系统元件的热负荷能力、电压和频率的变化以及各种稳定性等。在新能源大规模并网的进程中，面临的影响因素更加广泛、复杂，导致局部脆弱性评估、全局暂态稳定性分析和控制均面临巨大的理论难度和技术难度。归纳起来，新型电力系统面临如下问题。

（1）电力系统的参数类型众多，每种参数在特定条件下都可能与系统的安全稳定性息息相关，系统的安全性常常是各种参数的综合效应的表现，因此，单个参数的安全评估是必要的，但并不足以说明系统全局的安全性问题。而如果对所有的参数逐一进行评估，计算量相当可观。因此，建立一个能够综合评价电力系统安全性的指标模型有其必要性。

（2）模型的精确性和有效性成为当前新型电力系统安全稳定性研究的瓶颈，尤其是面临波动性和随机性影响下，过去的经典模型已经不再适用，应对复杂特性的电力系统，需要建立更加有效和完善的系统模型。

（3）当前无论是应用于调度还是运行控制，安全稳定性评估过程中对模型快速求解以及数据有效交换的需求比任何时期都显得更加紧迫和必要。

# 第二章　电力系统的能量函数方法与模型

## 2.1　现有的稳定性分析方法

现有的稳定性分析方法包括时域仿真、直接法和混合法。

（1）时域仿真

时域仿真是稳定性评估最精确的工具。传统的时域仿真主要用于电力系统暂态稳定分析中。该方法可以通过包括多种设备，如发电机和负荷、速度和电压调节器、静态Var和HVDC等的动态特性来保证结果的精确性。其优点是建模的灵活性和时间轨迹的高度精确性，在每一步引入数值误差，可通过局部截断误差来计算。

时域仿真法最重要的问题是积分的精度、速度和积分终止判据。目前采用的积分方法包括显式积分法和隐式积分法。显式积分属于定点迭代，计算效率高，但在处理刚性问题时有数值稳定问题；隐式积分要在每一步求解非线性等式，计算速度慢但稳定，前者包括欧拉法、龙格—库塔法和线性多步法等，后者包括改进的欧拉法。时域仿真在工程应用中可以校验其他方法的分析结果，在研究中可以提供基准数据，但是它不能直接提供有关稳定性的深层信息，包括系统稳定程度的定量信息以及参数变化对稳定性的影响等，这些都还需要进一步地探索。另外，因电力系统仿真包括各种不同的系统元件，时间常数变化很大，时域仿真中由于不同时间尺度引起的与刚性相关的数值问题也亟待研究。

（2）直接法

李雅普洛夫直接法（可简称为直接法）在电力系统中的应用，一直是众多专家学者关注的问题。在过去的40多年时间里，此类应用主要集中在两个方面：一是选择合适的电力系统模型并为该模型建立合适的李雅普洛夫函数，二是应用李雅普洛夫函数获取局部稳定特征或者估计给定稳定运行点的吸引域。自从研究人员使用李雅普洛夫直接法的论点对控制工程中的稳定性类型进行了详细划分之后，电力系统稳定性研究就有了理论支撑。

直接法在电力系统中的应用基于两方面的原因：一方面是劳斯—胡尔维茨的代数法和奈魁斯特的频率法，只适用于研究线性定常系统的稳定性，但不适用于非线性的电力系统稳定性；另一方面是数字计算机的广泛应用，扫除了求解李雅普洛夫函数的障碍。特别是20世纪80年代以来，直接法在研究电力系统稳定性方面取得了长足的进步，由开始的分解聚合法发展到结构保持法，不仅可以保持原网络结构，还可计及负载对频率和电压的非线性关系。在1980—1982年期间，里本斯、巴维拉等提出了暂态稳定指标，1985年沙班和格鲁吉斯用向量李雅普洛夫函数研究了计及调速器影响的大规模系统。在改进计算方法、提高计算速度方面，Michel、Fouad和Vittal的工作从以往全系统能量的观点中解脱出来，提出了个别机组能量的概念，1986年薛禹胜融合向量L函数中的分解原理和纯量L函数中的加速概念和单机等面积准则一起，将大多机电力系统分解聚合为两机系统乃至单机—无穷大系统，摆脱了数值积分方法，速度快、精度高。

直接法尝试避免故障后系统的反复积分来提高分析速度，并估计系统的稳定程度。有关的方法可分为两类，即扩展的等面积（EEAC）法和能量函数法。

EEAC法是我国学者薛禹胜对这一领域的突出贡献。该方法的核心思想是将扰动后的电力系统发电机组分为领先机群和余下机群，用角度中心的概念变换为等值两机系统进而等值为单机无穷大系统，用等面积法则来判别稳定性。早期的EEAC法称为静态的EEAC法，主要是忽略群内的非同调性，在计算速度方面取得了突破。等值的两机系统是一个时变的非线性系统，由于静态的EEAC法计算中略去时变扰动项，在两群特性不明显时会影响分析的准确性。临界群的筛选和识别是该法的关键，当系统规模增大时，系统的等值单机映像系统数目呈指数增加。为提高计算的准确性，研究人员摆脱了完全解析方法的束缚，引入故障后系统的积分，提出了动态EEAC法和集成EEAC法。引入积分后的EEAC法有分段更新等值系统的时变参数，通过对受扰的全过程进行积分来确定等值两机系统时变扰动项，提高了计算的准确性。目前，EEAC法在电力系统的稳定计算中得到了实际应用，关于这方面的理论研究还在进一步深入。

关于直接法的另一分支——能量函数法，本书将在2.2详细介绍。

（3）混合法

混合法的发展经历了三个阶段。最初的混合法充分运用了时域仿真和暂态能量函数（Transient Energy Function）方法，要求计算故障后的平衡点。电力系统的动态方程在故障切除的瞬时开始积分，在故障后轨迹穿过PEBS意味着系统失稳，动能如果高于PEBS处的转子角对应的校正动能，说明该处将有临界机组被撕裂。如果上述条件都没发生，则仿真继续，直到势能峰值大于最小的势能裕度，轨迹达到第一次摇摆的末端结束。上述过程费时但可靠，但又会因为能量裕度对某些参数的不连续性而不适用于灵敏性分析。

两步法则是在每一积分步骤时计算校正动能，通过检查机组的角度差和转速差是否超过门槛值来判别是否失稳。当计算出大的背离时，则判断失稳，对应PEBS处的发电机转角对应最小的校正动能，与故障对应的失稳因子假设等于PEBS处的校正动能；如果没监测到有失稳，则积分继续，直到校正动能为0，穿越点处校正动能的负值就是能量裕度。

二次冲击法同样是在故障清除后开始积分，直到校正动能为零。运用了第二次虚拟故障，通过计算第一次校正动能和校正动能的第二次最小值来确定PEBS。与前面不同的是，该方法在校正动能的零点处观察虚拟故障轨线上的校正动能极小值点，零点与校正动能极小值点之差为能量裕度。

目前，关于混合法在电力系统的应用研究还在不断地发展之中。

## 2.2 能量函数法

### 2.2.1 能量函数的基本建模思想

能量函数法的基本思想是定义了反映系统状态的函数，当系统遭受大扰动以后，粗略计算发电机第一摆到输出有功幅值达到最大值处时系统总的暂态能量，再减去角度中心运动的能量，就是当前系统的总暂态能量。电力系统遭受大扰动以后，经历不稳定平衡点处的能量，减去系统初始状态的能量，就是电力系统的暂态能量稳定裕度。用当前系统的总暂态能量与暂态能量裕度进行比较，如果前者小于后者，则系统稳定，反之则不稳定，如果刚好相等，则系统处于临界状态。

能量函数研究的出发点是构造一个能够反映系统结构及多种运行状态的能量指标，在20世纪50年代期间，许多专家学者将能量函数引入电力系统暂态稳定性分析中，构造了含有电网结构及运行状态的暂态稳定性评估指标。首先是用首积分法构造了暂态能量函数，但是考虑转移电导时由首积分法构造的能量函数不是严格的李雅普洛夫函数，后来随着拉萨尔不变性原理的引入，为能量函数提供了理论依据，之后能量函数被学术界接受并在研究中广泛采用，但由于构造完全适应电网的能量函数依然存在巨大困难，并且能量函数积分过程的路径依赖会导致保守性，这些都是制约能量函数在实际场景应用的瓶颈。

### 2.2.2　计算临界能量的基本方法

临界能量的确定，是应用能量函数法的第一步，其主要方法有以下几种。

（1）最近不稳定平衡点法（RUEP）

最近不稳定平衡点法（RUEP）用势能阱的最低点的势能作为临界能量，通过求解具有不同初始母线角度的故障后系统稳态方程获得所有不稳定平衡点，选择其中的最小能量值作为临界能量。由于该方法是假设最严重故障位置来计算临界能量，因此结果是保守的。也有人提出了加速度法，用故障清除时刻机组的加速度来预测临界机组，求出近似的临界能量，并在受扰轨迹积分过程中修正预测，以最终得出的能量作为临界能量。

（2）主导不稳定平衡点法（Unstale Equilibrium Point，CEP）（Controlling Umstabe Equilibrium Point，CUEP）

主导UEP法通过计算由故障位置决定的临界能量来消除保守性。主导UEP是指所有临界稳定情况的系统轨迹都接近的且与系统边界紧密相连的那些UEP。这种方法的计算包括两步：第一步辨识扰动模式，第二步计算主导UEP。存在的缺陷是求解主导UEP时可能遇到数值问题。启发式的CUEP搜索方法首先给出一个初值估计，平衡点的计算最终归结为一个非线性规划问题。现有的理论解决了凸域上非线性凸函数的规划问题，但直接使用启发式法或牛顿—拉夫森法等优化算法计算电力系统的不稳定平衡点鞍点尚没有充分的理论根据，目前的思路是找到尽量接近的初始点来提高平衡点优化计算的可靠性。

（3）基于稳定域边界的主导UEP法（Boundary of Stability Based Controlling Unstrble Equilibrium Point，BCUEP）

对稳定域的研究显示，稳定边界由UEP的稳定流形构成，故障轨线上首次穿越稳定边界的逸出点位于一个UEP的稳定流形上，这个称为基于稳定域边界主导不稳定平衡点。BCUEP法也称逸出点法，是继CUEP法后的又一求解临界能量的方法，可以克服CUEP法在求解过程中遇到的收敛问题，并且具有生成一组更好适用CUEP求解起始点的能力。该方法以稳定边界定理和严谨的推演为基础，其研究内容已不再局限于首摆稳定的范畴。现也有对PEBS/BCUEP法进行改进的文献，该书以故障点是否发生于机端为标记来确定是否采用PEBS/BCU确定临界能量，结合两种方法的优势来提高直接法的可靠性和计算速度。由于BCUEP法的前提条件尚未得到验证，因此仍处于研究阶段。

（4）持续故障法（又称势能界面法，Potential Energy Boundary Surface，PEBS）

主导UEP的计算非常费时，并有时候可能计算到错误的UEP。持续故障法用持续故障轨线上的势能峰值作为临界能量，目标是避免主导UEP的计算，通过持续的故障的时域仿真直到系统穿过势能界面（PEBS），将穿过PEBS的势能作为该故障位置的临界能量。迭代的PEBS法用临界稳定轨迹上的势能峰值点作为临界能量，将稳定研究从首摆延伸至多摆情形。一些文献将势能界面定义为广义梯度系统的稳定边界，建立了电力系统与梯度系统之间的联系，分析了势能界面法产生误差的原因。

给定初值的平衡点计算是能量函数法的薄弱环节，特别是对规模较大的系统，能量函数法的计算速度有时比时域仿真法还慢，因此能量函数法的发展有赖于平衡点计算的进一步研究。能量函数法在可靠性方面存在一些不确定因素：如RUEP法首先要可靠地识别失稳模式，然后才能计算出与失稳模式相对应的UEP，不同的故障清除时间可能对应不同的失稳模式，临界群的识别与临界时间的计算是相互依赖的；以已知失稳模式为前提的方法存在校验问题，即以假定的失稳模式计算出临界能量和临界切除时间后，需验证临界失稳的模式与预测模式是否一致；BCUEP法要求故障轨线对应的CUEP在角度空间中的投影点恰好是故障轨线的投影在梯度系统中对应的CUEP。

### 2.2.3　能量函数法在电力系统稳定性研究中的应用现状

能量函数表达式的确定以及临界能量的确定，使得能量函数法更易与实际电力系统相结合，为电力系统运行中的电压安全、发电机出力调度以及系统的暂态稳定控制发挥作用。

在维护系统电压安全方面，专家提出用电压稳定点和不稳定点之间的静态能量裕度来评价电压稳定，具有与马鞍节点分岔相似的原理。在假设系统有统一阻抗比前提下，获取了一个纯粹的无功等值系统，同时提出了一个包含输电阻抗的静态能量函数模型，结果显示将线路阻抗引入能量函数可以极大提高电压稳定性分析。该书阐述了在能量函数法中分析功角稳定和电压稳定的合理性，提出在重负荷系统中将功角稳定和电压稳定两种现象完全分开研究是不可行的观点。

根据带约束动力系统稳定域理论，其受限稳定边界由边界上不稳定平衡点、周期轨和半鞍点的稳定流形以及部分可行域边界构成。半鞍点的稳定流形是系统受限稳定边界的重要部分，并且可以用半鞍点处的等能量面来近似。在此基础上，将暂态电压跌落限制作为对故障后电力系统的一个约束，基于电力系统结构保持模型，寻找到了和故障相关的一个半鞍点，将持续故障轨迹和可行域边界交点的发电机角速度变为0后，就得到一个半鞍点。然后，以该点能量作为临界能量确定CCT（Critical Cutting Time），保证故障后系统满足暂态电压跌落约束。

基于调压装置的详细暂态和中长期时标建模，包括ULTC（Under-Load Tap Changer）动作的影响，定义势能空间里负荷步长的一次冲击和三相故障二次冲击的轨迹的最小距离为能量裕度，当系统接近稳定域的边界，通过不同的分接头结构跟踪能量裕度值，可确定优化的分接头位置。

能量函数法在发电机出力调度方面所取得的成果有：采用暂态能量函数来分析稳定约束的发电优化调度和在给定的初始运行条件和设计的故障下的支路临界潮流；使用神经网络对通过能量函数的转换所获取的微分方程进行求解，结合等式和不等式约束进行了安全约束下的有功优化调度。

能量函数在系统暂态稳定性分析方面，也展现了优势。该书建立了计及输电线路暂态能量的网络暂态能量函数来分析支路暂态能量的变化规律，从系统动态的角度研究支路暂态能量变化对系统暂态稳定性及网络参数和运行参数的影响。指出所有支路中分担暂态能量最大的支路或割集是对系统暂态稳定性影响最为关键的输电环节。在结构保持模型的基础上，根据网络中暂态能量的变化规律，定义了支路及割集的脆弱性指标，依赖于该指标值的排序来识别出影响电力系统暂态稳定性的关键支路及关键割集，确定网络中的薄弱环节。基于结构保持的多机电力系统拓扑暂态能量函数来提取基于网络信息的系统失去稳定时的关键特征量，以构建仅依赖网络信息的以支路势能分析为基础的可定性且可定量评价系统暂态稳定性的方法——支路势能法。该法认为这种方法可应用于多摆的稳定性评价。认为可定量分析和快速性是暂态能量法的独特优势，不可靠性是其局限性，并提出了暂态能量函数法用于非自治系统所必须满足的条件，包括用临界轨迹确定临界能量，以及用临界轨迹得到的切除时间确定故障清除后的稳定平衡点等。从暂态能量的角度利用曲线拟合来近似描述能量裕度与故障切除时间的关系，并考虑其他的不确定性因素，利用暂态能量函数法对黑启动路径和闭环等问题进行量化分析和择优选择，进一步研究了准稳态区里的能量界面结构，提出了如奇异性、有界性、连接性等准稳态区的新观点，通过优化估计准稳态区内最大的能量函数表征的准稳态区来提高所估算稳定域的保守性。

由于计算速度快，迄今为止，能量函数法在电力系统中的研究可谓百花齐放，百家争鸣。由于能量函数法可作为在线计算或者离线规划研究，减轻详细仿真的工作量，因此该法在电力系统安全稳定分析中的应用价值，还需要进一步地挖掘和探索。

第一，所建立模型一般只限于简单的经典电机模型，在摆脱电机的经典模型考虑自动调节器的作用方面，都同时只考虑了一种调节器，或者是调压器，或者是调速器。而影响电力系统稳定性的装置，显然远远不止这些，因此，能够将多种控制器包含其中的模型的建立是非常必要的。

第二，能量函数法目前已经计及频率非线性或者电压非线性负荷模型，还未能考虑电动机负荷特性。

第三，能量函数法的一个显著缺点是要结合一些复杂设备的模型非常困难，在研究继电保护动作、自动电压调节器、电容器和电抗器等方面的应用，虽然目前有一定的文献，但实际并不成熟，对影响稳定的相关因素，也才刚开始考虑。

第四，能量函数法本身具有量化指标的优势，并且对系统的控制参数的变化也具有一定的敏感性，有望用于电力系统的脆弱性评估，但目前在这方面的应用研究基本处于空白。

总之，能量函数法的研究已经取得进展，同时不依赖于现有的能量定义的新方法的研究（如静态能量函数法、规范型方法和超平面法等的研究）也在展开。并且，许多成果具有工程应用价值，但用于在线安全分析时，有两个明显的弱点：所给条件仅为充分条件，非充分必要条件；保守性无法避免，并且在应用详细的发电机和负荷动态模型时仍然有困难。

## 2.3 电力系统的静态能量函数模型

### 2.3.1 发电侧暂态能量函数模型

电力系统的能量包括动能和势能，根据发生的时间段的不同，可分为暂态能量和静态能量。暂态能量是指一秒内的能量变化，关心的是极短时间内的能量轨迹；静态能量是指系统网架的长期的能量分布，关心的是系统运行条件或者结构发生变化后所导致的能量转移变化，基本忽略时间的影响。对发电机而言，一般计算的是暂态能量，暂态能量一旦注入输电网后，可作为静态能量理解。以惯性中心角为参考的转子运动方程通常可表示为

$$M_i\dot{\tilde{\omega}}_i = P_i - P_{ei} - \frac{M_i}{M_\Sigma}P_{COI}\cdot f_i(\delta) \tag{2-1}$$

$$\dot{\delta} = \tilde{\omega}_i \qquad (i=1,2,\cdots,n) \tag{2-2}$$

其中：$M_\Sigma = \sum_t M_i$，$n$ 为发电机台数；$P_{COI} = \sum_{i=1}^{n}(P_i - P_{ei})$；$P_i = P_{mi} - E_i^2 G_{ii}$；$P_{ei} = \sum_{i=1}^{n}\sum_{j=1}^{n}(U_iU_jB_{ij}\sin\delta_{ij} + U_iU_jG_{ij}\cos\delta_{ij})$。

从式（2-1）、式（2-2）可得

$$\begin{aligned}\mathrm{d}t &= \frac{M_1\mathrm{d}\tilde{\omega}_1}{f_1(\delta)} = \frac{\mathrm{d}\delta_1}{\tilde{\omega}_1} = \frac{M_2\mathrm{d}\tilde{\omega}_2}{f_2(\delta)} = \frac{\mathrm{d}\delta_2}{\tilde{\omega}_2} = \cdots \\ &= \frac{M_n\mathrm{d}\tilde{\omega}_n}{f_n(\delta)} = \frac{\mathrm{d}\delta_n}{\tilde{\omega}_n}\end{aligned} \tag{2-3}$$

根据式（2-3）对每一机组进行积分，积分上下限设为 $(\delta_i,\tilde{\omega}_i)$ 和 $(\delta_i^s,0)$，可得到单机系统的暂态能量函数为

$$E_{Gd} = \frac{1}{2}M_i\tilde{\omega}_i^2 - \int_{\delta_i^s}^{\delta_i} f_i(\delta)\mathrm{d}\delta_i \tag{2-4}$$

能量裕度的实际变化依赖引起发电机出力变化的综合效应，而系统总的暂态能量函数是单机系统暂态能量的叠加，可表达为

$$E_G = \sum E_{Gd} = \frac{1}{2}\sum_{i=1}^{n}M_i\tilde{\omega}_i^2 - \sum_{i=1}^{n}\int_{\delta_i^s}^{\delta_i} f_i(\delta)\mathrm{d}\delta \tag{2-5}$$

### 2.3.2　输电侧静态能量函数模型

在忽略发电机暂态特性的条件下，从发电侧注入的能量进入输电侧后，就属于静态能量函数的范畴，这里定义为输电侧势能，是电网的固有物理特性，节点之间势能差的高低决定网络内部节点之间（即支路上）功率输送量。支路功率传输受支路热约束、节点电压约束及经济因素等影响而存在极限，对应的支路势能也存在极限。支路功率传输包括有功传输和无功传输。有功传输和无功传输的多少分别取决于支路两端的相角差和支路两端的电压幅值差，基于该物理特性，在构建势能函数模型时，支路有功传输方程对相角差积分，而无功部分对电压幅值差积分。该模型

的意义在于，在系统运行方式或网络拓扑结构变化下，支路当前输送功率偏离初始稳态值的程度被映射到当前势能上，当前输送功率偏离稳态值越大，则支路当前势能值越大。图2-1为通常的双母线系统，其支路静态势能函数模型构建如下。

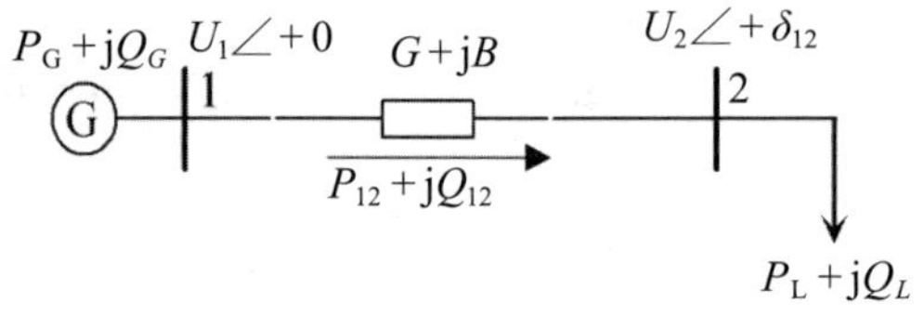


图2-1　双母线系统

图2-1是双母线系统的接线图，图中支路12的潮流表达式为

$$P_{12}=U_1^2G-U_1U_2(G\cos\delta+B\sin\delta) \tag{2-6}$$

$$Q_{12}=-U_1^2B+U_1U_2(B\cos\delta-G\sin\delta) \tag{2-7}$$

因此，

$$f_{p12}=P_{12}-P_{12}^s=U_1^2G-U_1U_2(G\cos\delta+B\sin\delta)-P_{12}^s \tag{2-8}$$

$$f_{q12}=\frac{Q_{12}-Q_{12}^s}{U_{12}}=\frac{-U_1^2B+U_1U_2(B\cos\delta-G\sin\delta)-Q_{12}^s}{U_{12}} \tag{2-9}$$

根据势能函数的积分原理，支路势能函数可表达为

$$\begin{aligned}E_{T12}&=\int_{(\delta_{12}^s,U_{12}^s)}^{(\delta_{12},U_{12})}[f_{p12},f_{q12}]\mathrm{d}\begin{bmatrix}\delta_{12}\\U_{12}\end{bmatrix}=\int_{\delta_{12}^s}^{\delta_{12}}(P_{12}-P_{12}^s)\mathrm{d}\delta_{12}+\int_{U_{12}^s}^{U_{12}}(Q_{12}-Q_{12}^s)\mathrm{d}U_{12}\\&=\int_{\delta_{12}^s}^{\delta_{12}}[U_1^2G-U_1U_2(G\cos\delta+B\sin\delta)-P_{12}^s]\mathrm{d}\delta_{12}\\&\quad+\int_{U_{12}^s}^{U_{12}}[-U_1^2B+U_1U_2(B\cos\delta-G\sin\delta)-Q_{12}^s]\mathrm{d}\ln U_{12}\end{aligned} \tag{2-10}$$

其中：$U_1$、$U_2$是节点1、2的电压幅值，且$U_{12}=U_1-U_2$，其初始稳态电压差$U_{12}^s=U_1^s-U_2^s$；$\delta_1$、$\delta_2$是节点1、2的相角，且$\delta_{12}=\delta_1-\delta_2$，其初始稳态相角差$\delta_{12}^s=\delta_1^s-\delta_2^s$；$P_{12}$为支路12某一状态的有功输送，$P_{12}^s$为其初始稳态值；$Q_{12}$为支路12某一状态下的无功输送，$Q_{12}^s$为其初始稳态值；$G$为支路电导，$B$为支路电纳；$\mathrm{d}U_{12}=2\sin\dfrac{2\delta_{12}+\gamma}{2}\cdot\sin\dfrac{\gamma}{2}\cdot\cos^{-1}\delta_{12}\mathrm{d}U_1$。

要计算式（2-10）的第二个积分式，还要进行下面的推导过程。

根据支路始、末端的电压关系，可得表达式（2-11）如下。

$$U_2 \approx U_1 . \frac{\cos(\delta+\theta)}{\cos\delta} \tag{2-11}$$

其中：$\theta = \tan^{-1}\frac{Q_L}{P_L}$。因此有：

$$U_{12} = U_1 - U_2 = U_1 . \frac{2\sin\frac{2\delta+\theta}{2} . \sin\frac{\theta}{2}}{\cos\delta} \tag{2-12}$$

从而可得

$$\mathrm{d}U_{12} = \frac{2\sin\frac{2\delta+\theta}{2} . \sin\frac{\theta}{2}}{\cos\delta}\mathrm{d}\ln U_1 \tag{2-13}$$

将式（2-11）、式（2-12）代入式（2-10）的第二个积分式，可计算支路无功传输产生的势能部分。

支路势能函数只与支路有功输送与支路两端节点的电压幅值和相角有关，由于文章主要研究支路势能与支路有功传输关系，因此假定系统无功充裕，此时节点电压幅值不变，式（2-10）中对无功输送部分的积分为0。此时的线路能量函数修正为

$$\begin{aligned} E_{12} &= \int_{\delta_{12}^s}^{\delta_{12}} (P_{12} - P_{12}^s)\, d\delta_{12} \\ &= \int_{\delta_{12}^s}^{\delta_{12}} [U_1^2 G - U_1 U_2 (G\cos\delta + B\sin\delta) - P_{12}^s]\mathrm{d}\delta_{12} \end{aligned} \tag{2-14}$$

根据图2-1所示的双母线系统和式（2-6）～（2-14）的推导过程，将双母线系统的支路势能函数模型扩展到多母线系统，建立多母线系统支路 $ij$ 的支路势能函数模型如下：

$$E = \int_{(\delta^s, U^s)}^{(\delta, U)} [f_p, f_q]\mathrm{d}\begin{bmatrix}\delta \\ U\end{bmatrix} \tag{2-15}$$

$$E_{\mathrm{T}ij} = \int_{\delta_{ij}^s}^{\delta_{ij}} (P_{ij} - P_{ij}^s)\mathrm{d}\delta_{ij} + \int_{U_{ij}^s}^{U_{ij}} \frac{Q_{ij} - Q_{ij}^s}{U_{ij}}\mathrm{d}U_{ij} \tag{2-16}$$

其中：

$$f_p = P_{ij} - P_{ij}^s = U_i^2 G_{ij} - |U_i||U_j|(G_{ij}\cos\delta_{ij} + B_{ij}\sin\delta_{ij}) - P_{ij}^{\mathrm{s}} \tag{2-17}$$

$$f_q = \frac{Q_{ij} - Q_{ij}^s}{U_{ij}} = (U_{ij})^{-1}(-Q_{ij}^s - U_i^2 B_{ij} + |U_i||U_j|(B_{ij}\cos\delta_{ij} - G_{ij}\sin\delta_{ij}) \quad (2\text{-}18)$$

并且，$\delta_{ij} = \delta_i - \delta_j$；$\delta_{ij}^s = \delta_i^s - \delta_j^s$；$U_{ij} = U_i - U_j$；$U_{ij}^s = U_i^s - U_j^s$。$U_i$、$U_j$ 是节点 $i$、$j$ 的电压幅值；$U_{ij\min}$、$U_{ij\max}$ 是节点 $i$、$j$ 的最小、最大电压幅值差；$\delta_i$、$\delta_j$ 是节点 $i$、$j$ 的相角；$P_{ij}^s$ 为支路 $ij$ 初始有功输送值；$P_{ij}$ 为支路 $ij$ 某一状态的有功输送；$Q_{ij}^s$ 为支路 $ij$ 初始无功输送大小；$Q_{ij}$ 为支路 $ij$ 某一状态下的无功输送大小。

因此，输电侧的总的静态能量可表达为

$$E_{\mathrm{Tt}} = \sum_{\substack{i=1 \\ i\neq j}}^{n} \sum_{j=1}^{n} E_{\mathrm{T}ij} \quad (2\text{-}19)$$

### 2.3.3 负荷侧静态能量函数模型

（1）双母线系统的负荷节点静态能量函数模型

从输电侧的静态能量进入负荷侧，为负荷节点所消纳，就成为负荷侧的负荷能力。不失一般性，具有并联电容器补偿的典型双母线系统，如图2-2所示。

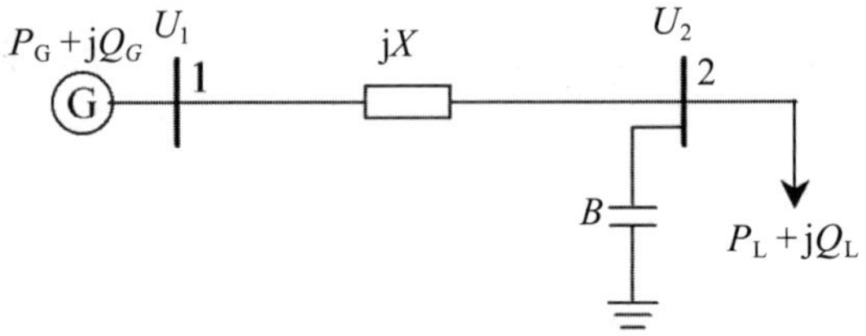


图2-2 双母线系统

在不考虑加入并联电容器情况下，以功率注入方向为参考方向，线路流过的电流可表示为

$$\dot{I}_1 = \frac{\dot{U}_1 - \dot{U}_2}{\mathrm{j}X} \quad (2\text{-}20)$$

由此得发电机注入节点2的无功功率为

$$Q_G = \mathrm{Im}[\dot{I}_1 \overset{*}{U}_2] = \mathrm{Im}[\frac{\dot{U}_1 - \dot{U}_2}{jX} \cdot \overset{*}{U}_2] = \frac{U_2^2 - U_1 U_2 \cos\delta}{X} \quad (2\text{-}21)$$

其中：$\delta$ 为节点1、2之间的电压相角差，rad；$Q_G$为发电机注入节点2的无功；$Q_L$ 为节点2负荷所消耗的无功。

根据无功潮流平衡等式，注入节点2的无功与节点2消耗的无功 $Q_L$ 相等，因此

$$Q_G = Q_L = \frac{U_2^2 - U_1U_2\cos\delta}{X} \tag{2-22}$$

等式两边除以$U_2$有

$$\frac{Q_L}{U_2} = \frac{Q_G}{U_2} = \frac{U_2 - U_1\cos\delta}{X} \tag{2-23}$$

令

$$g(\delta, U_1, U_2) = \frac{Q_L}{U_2} - \frac{Q_G}{U_2} = \frac{Q_L}{U_2} - \frac{U_2 - U_1\cos\delta}{X} \tag{2-24}$$

如果考虑并联电容补偿，则在式（2-24）中引入电容器无功出力一项，如式（2-25）所示：

$$g(\delta, U_1, U_2) = \frac{Q_L}{U_2} - \frac{Q_G}{U_2} - \frac{BU_2^2}{U_2} = \frac{Q_L}{U_2} - \frac{U_2 - U_1\cos\delta}{X} - BU_2 \tag{2-25}$$

式中$B$为节点2并联电容接入电纳。根据节点有功功率平衡等式，可得节点2的有功平衡表达式为

$$f(\delta, U_1, U_2) = P_L - P_G = P_L - \frac{U_1U_2\sin\delta}{X} \tag{2-26}$$

负荷节点的静态能量函数表达式[148]为

$$E_L(X^u, X^s) = \int_{X^s}^{X^u} [f(\delta, U), g(\delta, U)] \cdot \begin{bmatrix} d\delta \\ dU \end{bmatrix} \tag{2-27}$$

其中：$X^u$是积分上限，如果表示的是系统的临界参数值$\delta^u$、$U_2^u$，则$E_L(X^u, X^s)$是系统临界能量$E_{Lcr}$；$X^s$是系统处于稳定运行点的参数值$\delta^s$、$U_2^u$。

将无功、有功平衡等式（2-24）、（2-26）代入式（2-27），积分得到没有电容补偿时的临界能量函数式为

$$E_{Lcr} = P_L(\delta^u - \delta^s) + \frac{U_1U_2^u}{X}\cos\delta^u - \frac{U_1U_2^s}{X}\cos\delta^s + Q_L\ln\frac{U_2^u}{U_2^s} - \int_{U_2^u}^{U_2^s}\frac{Q_G}{U_2}dU_2 \tag{2-28}$$

如果考虑并联电容补偿，将式（2-25）、（2-26）代入式（2-27），可得有电容补偿时的静态能量函数式为

$$E_{Lcrc} = P_L(\delta^u - \delta^s) + \frac{U_1U_2^u}{X}\cos\delta^u - \frac{U_1U_2^s}{X}\cos\delta^s - \int_{U_2^u}^{U_2^s}\frac{Q_G}{U_2}dU_2 + Q_L\ln\frac{U_2^u}{U_2^s} - \frac{B}{2}[(U_2^u)^2 - (U_2^s)^2] \tag{2-29}$$

其中：$\int_{U_2^u}^{U_2^s}\frac{Q_G}{U_2}dU_2=\frac{1}{2X}[(U_2^u)^2-(U_2^s)^2]-\frac{U_1U_2^u\cos\delta^u}{X}+\frac{U_1U_2^s\cos\delta^s}{X}$；$-\frac{B}{2}[(U_2^u)^2-(U_2^s)^2]$表示电容器补偿注入系统的能量。

式（2-28）、式（2-29）即是双母线系统的静态能量函数模型。从式（2-28）、式（2-29）可看出，电容器的加入，使得$E_{Lcr}<E_{Lcrc}$，加大了系统当前运行点到临界势能阱的距离，系统稳定性得到增强。

（2）多母线系统的负荷节点静态能量函数模型

在双母线系统的静态能量函数模型基础上，根据线路功率输送关系，可得到多母线系统中各节点功率平衡等式：

$$f_i(\delta,U)=P_{Li}-U_i\sum_{j=1}^{n}U_j[G_{ij}\cos(\delta_i-\delta_j)+B_{ij}\sin(\delta_i-\delta_j)] \tag{2-30}$$

$$g_i(\delta,U)=(U_i)^{-1}\left\{Q_{Li}-U_i\sum_{j=1}^{n}U_j\left[(G_{ij}\sin(\delta_i-\delta_j)-B_{ij}\cos(\delta_i-\delta_j)\right]\right\} \tag{2-31}$$

其中：$P_{Li}$是节点$i$的注入有功；$Q_{Li}$是节点$i$的注入无功；$G_{ij}$是节点$i$、$j$之间的电导；$B_{ij}$是节点$i$、$j$之间的电纳；$\delta_i$、$\delta_j$是节点$i$、$j$的电压相角。

将式（2-32）、式（2-33）代入式（2-27），可得多母线系统中第$i$节点的静态能量函数$E_{Lcri}$的表达式为

$$\begin{aligned}E_{Lcri}&=\int[f_i,g_i]\cdot\begin{bmatrix}d\delta_i\\dU_i\end{bmatrix}=\int_{(\delta_i^s,U_i^s)}^{(\delta_i^u,U_i^u)}[f_i,g_i]\cdot\begin{bmatrix}d\delta_i\\dU_i\end{bmatrix}=P_{Li}(\delta_i^u-\delta_i^s)-U_i\sum_{j=1}^{n}U_jG_{ij}\sin(\delta_i-\delta_j)\Big|_{\delta_i^s}^{\delta_i^u}-\\&U_i\sum_{j=1}^{n}U_jB_{ij}\cos(\delta_i-\delta_j)\Big|_{\delta_i^s}^{\delta_i^u}+\sum_{j=1}^{n}U_jB_{ij}\cos(\delta_i-\delta_j)U_i\Big|_{U_i^s}^{U_i^u}+\\&Q_{Li}\ln\frac{U_i^u}{U_i^s}-\sum_{j=1}^{n}U_jG_{ij}\sin(\delta_i-\delta_j)\cdot U_i\Big|_{U_i^s}^{U_i^u}\end{aligned} \tag{2-32}$$

如果考虑并联电容器补偿，则式（2-32）修改为

$$\begin{aligned}E_{Lcrci}&=\int[f_i,g_i]\cdot\begin{bmatrix}d\delta_i\\dU_i\end{bmatrix}=\int_{(\delta_i^s,U_i^s)}^{(\delta_i^u,U_i^u)}[f_i,g_i]\cdot\begin{bmatrix}d\delta_i\\dU_i\end{bmatrix}\\&=P_{Li}(\delta_i^u-\delta_i^s)-U_i\sum_{j=1}^{n}U_jG_{ij}\sin(\delta_i-\delta_j)\Big|_{\delta_i^s}^{\delta_i^u}+Q_{Li}\ln\frac{U_i^u}{U_i^s}-U_i\sum_{j=1}^{n}U_jB_{ij}\cos(\delta_i-\delta_j)\Big|_{\delta_i^s}^{\delta_i^u}\\&+\sum_{j=1}^{n}U_jB_{ij}\cos(\delta_i-\delta_j)U_i\Big|_{U_i^s}^{U_i^u}-\sum_{j=1}^{n}U_jG_{ij}\sin(\delta_i-\delta_j)\cdot U_i\Big|_{U_i^s}^{U_i^u}\end{aligned}$$

$$-\sum_{i=1}^{n}\frac{B_i}{2}[(U_i^{\mathrm{u}})^2-(U_i^{\mathrm{s}})^2] \tag{2-33}$$

系统负荷侧的总能量是系统所有负荷节点能量的叠加，因此根据式（2-32）或（2-33）可得系统负荷侧的总静态能量为

$$\begin{aligned}E_{\mathrm{Lt}}&=\sum_{i=1}^{n}E_{\mathrm{Lcr}i}\\&=\sum_{i=1}^{n}P_{Li}(\delta_i^{\mathrm{u}}-\delta_i^{\mathrm{s}})-\sum_{i=1}^{n}\sum_{j=1}^{n}U_iU_jG_{ij}\cdot\sin(\delta_i-\delta_j)\Big|_{\delta_i^{\mathrm{s}}}^{\delta_i^{\mathrm{u}}}-\sum_{i=1}^{n}\sum_{j=1}^{n}U_iU_jB_{ij}\cos(\delta_i-\delta_j)\Big|_{\delta_i^{\mathrm{s}}}^{\delta_i^{\mathrm{u}}}\\&\quad+\sum_{i=1}^{n}Q_{Li}\ln\frac{U_i^{\mathrm{u}}}{U_i^{\mathrm{s}}}+\sum_{i=1}^{n}\sum_{j=1}^{n}U_jB_{ij}\cos(\delta_i-\delta_j)U_i\Big|_{U_i^{\mathrm{s}}}^{U_i^{\mathrm{u}}}-\sum_{i=1}^{n}\sum_{j=1}^{n}U_jG_{ij}\sin(\delta_i-\delta_j)U_i\Big|_{U_i^{\mathrm{s}}}^{U_i^{\mathrm{u}}}\end{aligned} \tag{2-34}$$

如果考虑并联电容补偿，则系统负荷侧的总静态能量表达式为

$$E_{\mathrm{Lct}}=E_{\mathrm{Lt}}-\sum_{i=1}^{n}\frac{B_i}{2}[(U_i^{\mathrm{u}})^2-(U_i^{\mathrm{s}})^2] \tag{2-35}$$

式（2-5）、式（2-19）以及式（2-35）分别是系统发电侧、输电侧面以及负荷侧面的总静态能量函数模型，式（2-4）、（2-16）和式（2-32）、（2-33）分别是单台发电机的暂态能量、单支路的能量以及单个负荷节点的能量表达式。

# 第三章 基于支路能量的支路脆弱性评估研究

能量函数在电力系统暂态稳定性分析中一度得到广泛的应用，并取得了大量的研究成果。在维护系统安全运行过程中，暂态稳定性的量化固然重要，但根据系统实际，在很多情况下，系统规划和运行更需要关注静态安全性问题，因此，静态安全性的量化依然具有实际意义。

暂态能量函数在电力系统暂态稳定性中的应用，目前已具有比较成熟的理论基础。而将暂态能量函数用于电力系统安全稳定性的研究，所取得的成果还很少，虽然暂态能量函数的许多理论与方法可为能量函数在电力系统中的应用提供理论借鉴，但在展开具体的电力系统脆弱性方面的研究过程中还是存在巨大的理论缺陷。

本章将根据电力系统暂态能量函数模型来分析节点能量与无功充裕度的关系、支路能量与支路功率传输的关系以及考虑电力系统的发电侧暂态能量函数模型来初步验证发电侧、输电侧和负荷侧的能量守恒性，为能量函数在电力系统脆弱性研究中的应用提供理论支撑。

## 3.1 节点静态能量与无功裕度的关系

### 3.1.1 临界电压的计算

无功裕度是指负荷节点的最大无功负荷极限，它对应的是系统对负荷节点所提供的最大能量值，而要得到负荷节点的最大能量值必须先计算负荷节点的临界电压。因此，求取负荷节点的无功裕度必须包括3个环节：①临界电压的计算；②负荷节点的最大能量值计算；③无功裕度的计算。在这一实现过程中，临界电压的计算成为关键的一步。

计算临界电压值的速度和精度将对能量函数模型的计算速度和精度产生决定性的影响，因此计算临界电压是实现启发式能量函数分析无功裕度的关键一环。传统的PNFA算法较之牛顿法等，计算速度有很大提高，这里在传统PNFA算法展开式的基础上，引入优化乘子$\mu$，然后求取临界电压值。

已知非线性潮流一般表达式：

$$f_s = f(x) \tag{3-1}$$

其中：$f_s = [f_{s1}, f_{s2}, \cdots, f_{sn}]^T$，$f_{s1}, \cdots, f_{sn}$为给定值；$x = [x_1, x_2, \cdots, x_n]^T$为状态变量。

则潮流方程可表达成矩阵形式：

$$f_s = f(x) = A \cdot \begin{bmatrix} x_1 x \\ x_2 x \\ \vdots \\ x_n x \end{bmatrix}^T \tag{3-2}$$

式中：$A$为系数矩阵。对式（3-2）泰勒展开为

$$f_s = f(x) = f(x_0) + J \cdot \Delta x + f(\Delta x) \tag{3-3}$$

式中：$x_0$为$x$的初始值；$J$为潮流雅可比矩阵；$\Delta x = [x - x_0] = [\Delta x_1, \Delta x_2, \cdots, \Delta x_n]^T$为误差修正向量。

式（3-3）是一个没有截断误差的精确展开式，但是直接解这个等式有困难。这里采用一个优化乘子$\mu$调整$Dx$的大小，以加快计算速度。在式（3-3）中分别对第2项乘以优化乘子$\mu$，第3项乘以$\mu^2$，得到

$$F = \left\| f_s - f(x_0) - \mu J \Delta x - \mu^2 f(\Delta x) \right\|^2 \tag{3-4}$$

式（3-4）对$\mu$求导，得

$$\partial F / \partial \mu = g_3 \mu^3 + g_2 \mu^2 + g_1 \mu + g_0 = 0 \tag{3-5}$$

其中：$g_0 = J \cdot \Delta x \cdot f(x_0)$；$g_1 = J^T \cdot J \cdot \Delta x^T \cdot \Delta x + 2 f(x_0) \cdot f(\Delta x)$；$g_2 = 3J \cdot \Delta x \cdot f(\Delta x)$；$g_3 = 2 f^T(\Delta x) \cdot f(\Delta x)$。

求解式（3-5）中的$\mu$，满足式（3-4）使$F$的值最小的$\mu$为最优值$\mu^*$。由于式（3-5）是3次多项式，因此，$\mu^*$有3个根$\mu_1<\mu_2<\mu_3$，根据文献[1]分析可知，在对应特定运行条件下$\mu_1$、$\mu_3$使得式（3-4）为最小值，$\mu_2$使得式（3-4）为最大值。$\mu_1$调整误差向量到接近并尽可能等于一个稳态解$\boldsymbol{x}_0$，而$\mu_3$调整误差向量到接近或等于失稳解$\boldsymbol{x}_1$。然后根据式（3-6）计算初值$\boldsymbol{x}_0$，直到满足式（3-7）为止。

$$x_l = x_0 + \mu_3 \cdot \Delta x \tag{3-6}$$

$$\varepsilon_{\mathrm{m}} = \max\left|f_{si} - f_i\right| < \varepsilon, \quad i = 1,2,\cdots,2(n-1) \tag{3-7}$$

式中：$\varepsilon_{\mathrm{m}}$为最大失配误差；$\varepsilon$为潮流误差；$n$为母线数目。由于$x_0$和$x_l$关于临界点对称，因此电压临界点为

$$x^{\mathrm{cr}} = \frac{x_0 + x_l}{2} \tag{3-8}$$

上述算法求取的系统临界电压，将其代入第二章2.5.3节式（2-20）～式（2-34）所建的负荷侧静态能量函数模型，以此计算各节点临界静态能量值。

### 3.1.2 仿真分析

**1. 仿真流程**

（1）根据改进的PNFA算法求各负荷节点的临界电压值$U^{\mathrm{u}}$、$d^{\mathrm{u}}$。

（2）形成各负荷节点能量函数表达式和全系统总能量函数表达式。

（3）计算$\partial E_{\mathrm{L}} / Q_{\mathrm{L}}$、$\partial E_{\mathrm{L}} / Q_{\mathrm{G}}$。

（4）计算无功补偿前的临界能量和无功裕度。

（5）计算无功补偿后的临界能量和无功裕度。

**2. 双母线系统的仿真分析**

在图2-2的双母线系统中，参数设置如下：机端电压$U_1$=1.05∠0°，并维持恒定；$1/X$=0.0575；负荷初始条件：$P_{\mathrm{L}}$=0.3038，$Q_{\mathrm{L}}$=0.1270。假设在无功负荷变化过程中有功不变，并忽略线路上有功输送的损失。对由式（2-20）～式（2-29）组成的双母线系统的能量函数模型在无功补偿前后的仿真结果，见表3-1所列。由表3-1可见，经电容器补偿后，系统临界能量值、临界电压幅值和无功裕度较补偿前得到提升，系统稳定性得到提高。

**表3-1　补偿前后各临界值的变化**

| 参数 | 没有补偿 | 并联电容器补偿 |
|---|---|---|
| 临界能量值/pu | 9.7612 | 10.038 |
| 临界电压幅值/pu | 0.50 | 0.52 |
| 临界电压相角/rad | 0.8373 | 0.8373 |
| 无功裕度/pu | 8.5167 | 8.7618 |

**3. 多母线系统的仿真分析**

以IEEE-30母线系统为例，该系统共包括6台发电机和30个节点，6台发电机分别安装在1、2、5、8、11、13节点，其中在节点10、24并联电容器进行无功补偿。节点3、4、7、10、12、14、15、16、17、18、19、20、21、23、24、26、29、30为

负荷节点。

对由式（2-30）～式（2-33）组成的多母线系统的静态能量函数模型进行仿真，结果如图3-1-图3-7所示。

（1）无功补偿对电压幅值和相角的影响。

图3-1～图3-4给出了并联电容器补偿前后稳态电压和临界电压幅值和相角的变化曲线。

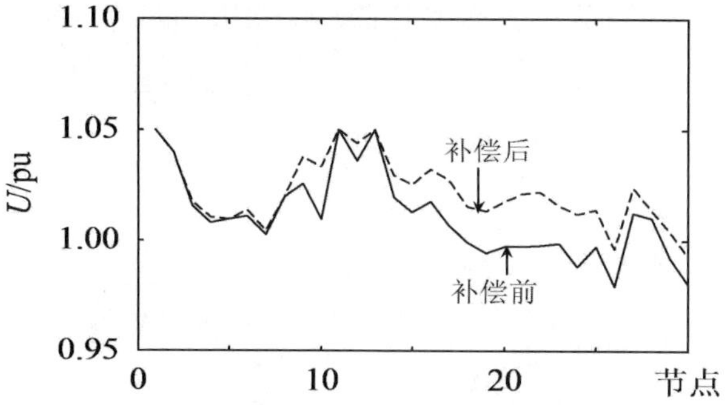


图3-1　无功补偿前后各节点稳态电压幅值变化曲线

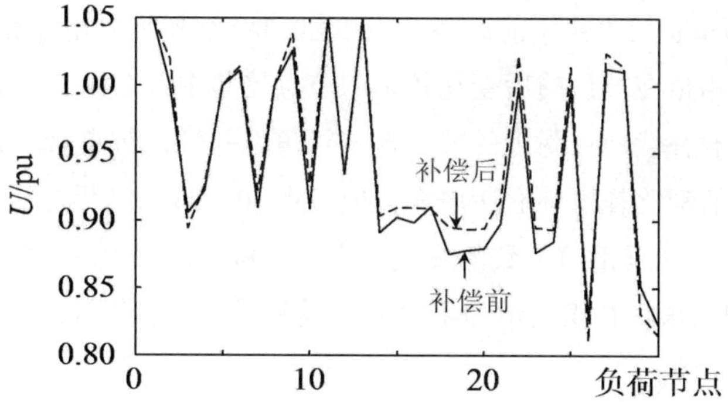


图3-2　无功补偿前后各节点临界电压幅值变化曲线

图3-1、图3-2中，当在节点10、24处并联电容进行无功补偿后，各节点的稳态电压和临界电压都比补偿前有所提升，这与在双母线系统中得出的结论一致。还可观察到，无论是稳态电压还是临界电压，距离补偿点越远的地方变化越不明显，而距离补偿点相对越近的地方，电压提升相对多一些。

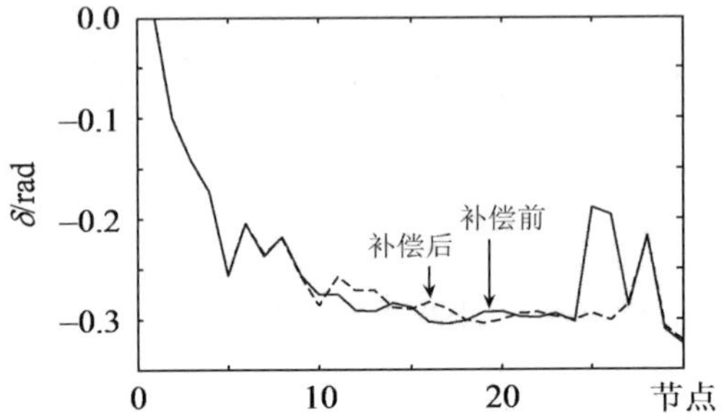


图 3-3　无功补偿前后各节点稳态电压相角变化曲线

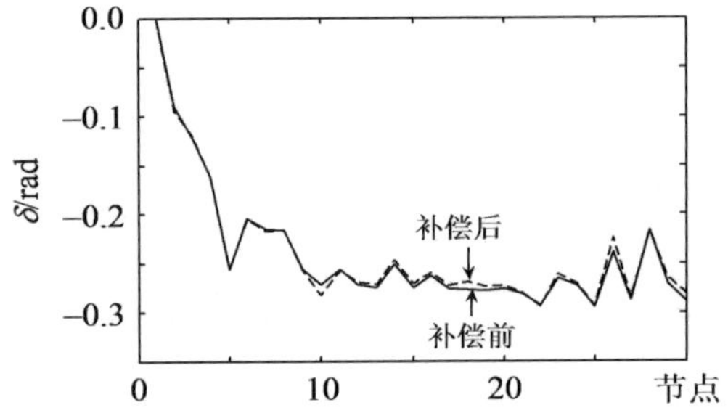


图 3-4　无功补偿前后各节点临界电压相角变化曲线

图 3-3、图 3-4 是无功补偿前后各节点电压的稳态和临界电压相角的变化情况。稳态和临界电压相角在补偿前后变化较多的节点均集中在 10～30 节点之间，说明无功补偿将同时影响补偿地点附近的节点电压相角。并且，节点 10、24 在补偿后的稳态电压相角绝对值都比补偿前有所增大，但节点 10、24 的临界电压相角在补偿前后并没表现出与稳态电压相角一致的变化，节点 10 在补偿后临界相角绝对值稍微增大，而节点 24 的相角在补偿后增加不明显，说明无功补偿装置的投入，对临界相角的增加具有抑制作用。

（2）无功补偿前后负荷节点能量值的变化。

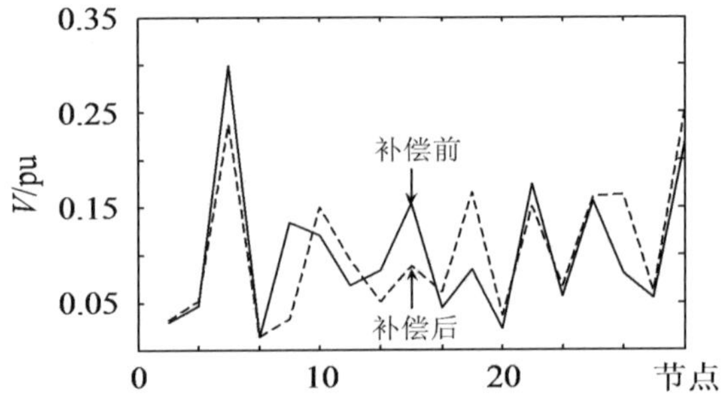


图 3-5　无功补偿前后系统各负荷节点能量值的变化

将得到的补偿前后稳态电压幅值、稳态电压相角和临界电压幅值、临界电压相角代入启发式能量函数模型，得到能量函数模型的数值仿真结果如图 3-5 所示。图

3-5给出了补偿前后系统负荷节点能量值的变化。从虚实曲线的对比发现，并不是所有负荷节点在无功补偿后临界能量值都升高，结合补偿前后各节点临界电压的变化曲线发现，临界电压升高较多的负荷节点的能量值有下降趋势，这是应该注意的问题。

（3）无功补偿前后无功负荷变化与负荷节点能量值的相互影响。

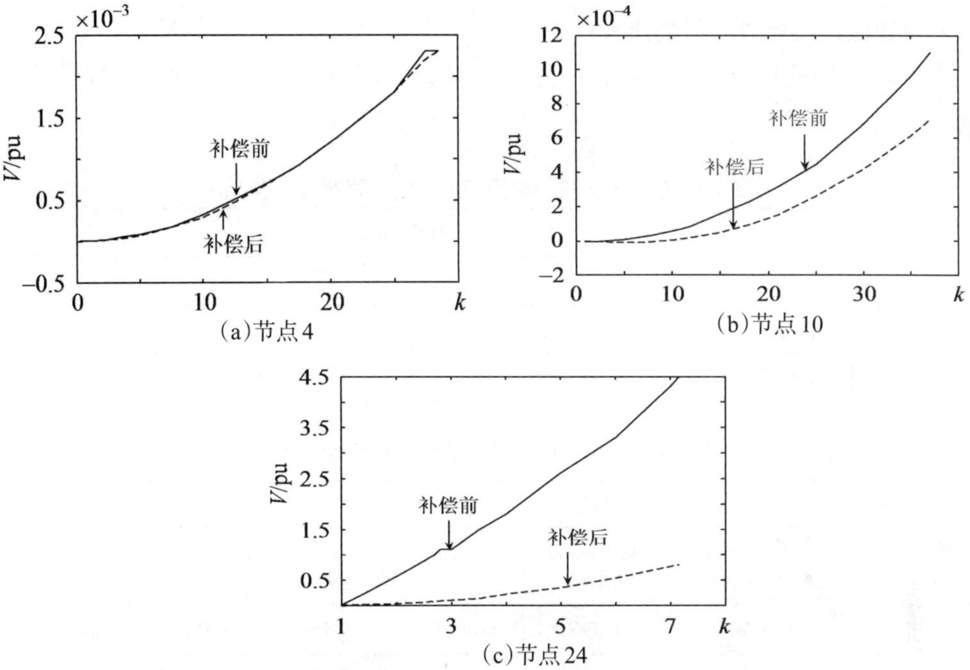


(a)节点4　(b)节点10　(c)节点24

图3-6　无功补偿前后某节点需耗能量值随无功负荷比例$k$增长的变化

从图3-6可看出，无功负荷越大，需要消耗的能量值越大，系统距离临界能量点的距离越小，节点10、24处的能量函数在补偿后增长趋势较补偿前平缓很多，因此到达临界能量值需要的时间变长，说明无功补偿之后，系统稳定性加强。从图3-6（a）可见，负荷节点4是远离补偿的所有节点之一，补偿前后节点4的需耗能量值随无功负荷因子的增长变化趋势几乎一样，说明补偿与否对该节点的稳定性基本没太大影响，即距离补偿点很远的节点较少受益于无功补偿。

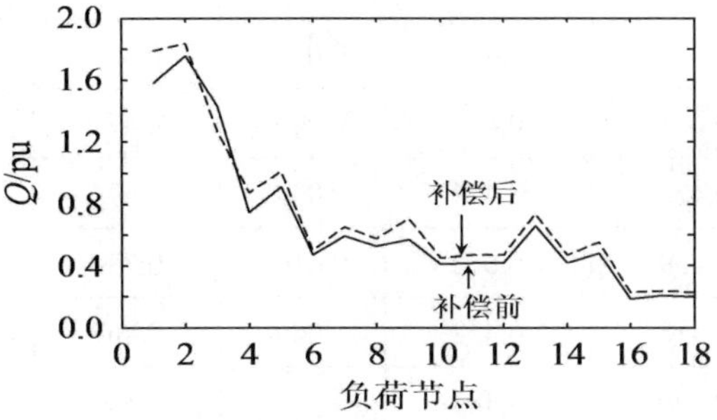


图3-7　无功补偿前后无功裕度的变化比较

图3-7是无功补偿前后各负荷节点的无功裕度变化，从图中虚、实线的对比发现，无功补偿后，除节点3以外，所有节点的无功裕度都得到不同程度的提高。并且，无功补偿后的系统总能量值比补偿前提高0.8左右，说明局部的无功补偿对整个系统稳定性有益。

**4. 与连续潮流计算结果的比较**

表3-2、表3-3列出能量函数法与连续潮流法在IEEE-30母线系统中的计算结果比较。

**表3-2　连续潮流法和能量函数法的计算速度比较**

| 计算方法 | 计算时间/s | |
|---|---|---|
| | 补偿前 | 补偿后 |
| 连续潮流法 | 0.842 | 1.297 |
| 能量函数法 | 0.16 | 0.907 |

**表3-3　连续潮流法和能量函数法的无功裕度计算结果比较**

| 节点编号 | 无功补偿前 | | | 无功补偿后 | | |
|---|---|---|---|---|---|---|
| | 连续潮流结果/pu | 能量函数结果/pu | 误差 | 连续潮流结果/pu | 能量函数结果/pu | 误差 |
| 3 | 1.580 | 1.596 | 0.0101 | 1.785 | 1.803 | 0.0101 |
| 4 | 1.758 | 1.776 | 0.0102 | 1.833 | 1.851 | 0.0098 |
| 7 | 1.432 | 1.446 | 0.0098 | 1.267 | 1.279 | 0.0095 |
| 10 | 0.743 | 0.748 | 0.0067 | 0.873 | 0.690 | 0.2096 |
| 12 | 0.907 | 0.916 | 0.0099 | 1.011 | 1.017 | 0.0059 |
| 14 | 0.469 | 0.474 | 0.0107 | 0.500 | 0.505 | 0.0100 |
| 15 | 0.590 | 0.584 | 0.0102 | 0.653 | 0.659 | 0.0092 |
| 16 | 0.528 | 0.533 | 0.0095 | 0.579 | 0.585 | 0.0104 |
| 17 | 0.568 | 0.574 | 0.0106 | 0.705 | 0.712 | 0.0099 |
| 18 | 0.414 | 0.418 | 0.0097 | 0.452 | 0.457 | 0.0111 |
| 19 | 0.421 | 0.425 | 0.0095 | 0.470 | 0.475 | 0.0106 |
| 20 | 0.420 | 0.424 | 0.0095 | 0.472 | 0.477 | 0.0106 |
| 21 | 0.659 | 0.666 | 0.0106 | 0.734 | 0.742 | 0.0109 |
| 23 | 0.418 | 0.422 | 0.0096 | 0.469 | 0.473 | 0.0085 |
| 24 | 0.480 | 0.485 | 0.0104 | 0.556 | 0.538 | 0.0324 |

续表

| 节点编号 | 无功补偿前 | | | 无功补偿后 | | |
|---|---|---|---|---|---|---|
| | 连续潮流结果/pu | 能量函数结果/pu | 误差 | 连续潮流结果/pu | 能量函数结果/pu | 误差 |
| 26 | 0.186 | 0.188 | 0.0108 | 0.225 | 0.222 | 0.0133 |
| 29 | 0.207 | 0.209 | 0.0097 | 0.235 | 0.237 | 0.0085 |
| 30 | 0.198 | 0.199 | 0.0051 | 0.227 | 0.229 | 0.0088 |

由表3-2、表3-3可见，无功补偿装置安装与否，将直接影响连续潮流法和能量函数法对无功裕度的计算速度和精度。表3-2中，安装无功补偿装置后，两种算法的计算速度都降低，并且由能量函数法来获取节点无功裕度，其计算速度比通过连续潮流计算来获取快。表3-3中，由连续潮流法和能量函数法计算出的无功裕度结果及其误差（以连续潮流法的计算结果作基准值，能量函数法计算结果与之差再除以基准值）比较可知，在无功补偿后节点10、24的结果误差比较大，原因是前者的计算过程忽略了被补偿节点并联电容器接入的导纳，而后者计入了，因此后者得出的结果比前者的更接近系统实际值，而在同等计算条件下，两者的计算精度基本一致。以上研究为进一步获取电力系统无功裕度提供了极其重要的借鉴作用。

## 3.2　支路静态能量函数与支路有功输送的关系

### 3.2.1　支路静态能量函数量化支路有功输送的可行性证明

式（2-16）所建的支路势能函数模型与直流潮流计算中的有功变化量表达具有相似的物理意义，证明如下：

根据式（2-16），可得

$$E_{\mathrm{T}ij} = (P_{ij} - P_{ij}^{s})(\delta_{ij} - \delta_{ij}^{s}) + E_{qij} \tag{3-9}$$

其中：$E_{qij}$ 为支路无功势能部分。

假设有功输送过程中无功的传输恒定不变，此时电压幅值差变化很小，可以假定 $E_{qij} \approx 0$，此时有

$$E_{\mathrm{T}ij} = (P_{ij} - P_{ij}^{s})(\delta_{ij} - \delta_{ij}^{s}) \tag{3-10}$$

直流潮流计算中，支路有功潮流输送表达式为：

$$P_{ij} = -B_{ij} \cdot \delta_{ij} \tag{3-11}$$

其中，$B_{ij}$ 为支路 $ij$ 的电纳。

与支路初始有功潮流比较得到的支路有功变化量为：

$$\Delta P_{ij} = -B_{ij} \cdot (\delta_{ij} - \delta_{ij}^{s}) \tag{3-12}$$

将式（3-12）代入式（3-10）可得

$$E_{\mathrm{T}ij} = -\frac{(\Delta P_{ij})^2}{B_{ij}} \tag{3-13}$$

式（3-13）表明：势能 $P_{ij}$ 偏离 $P_{ijs}$ 越远，则 $E_{\mathrm{T}ij}$ 绝对值越大，当 $P_{ij}$ 达到支路最大传输约束 $\pm P_{ij\max}$ 时，$E_{ij}$ 达到极值 $\left|E_{\mathrm{T}ij}^{\max}\right|$；支路势能函数将支路有功输送的变化量以二次方的形式来体现，具有更明显的趋向性，容易将功率输送变化大的支路凸现出来，减少多判概率。

### 3.2.2 仿真分析

同样以IEEE-30母线系统为例，多母线系统线路传输功率、相角差与支路能量之间的关系，如图3-8～图3-11所示。

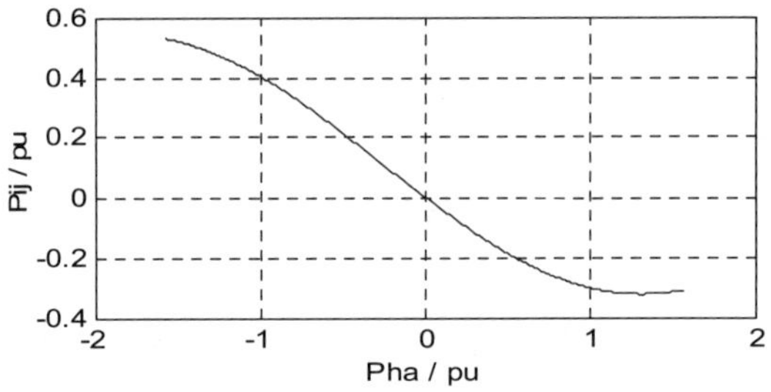


图3-8　支路相角差与有功传输的关系

根据电力系统的运行特性，有功传输的多少主要取决于支路两端的相角差，图3-8展示了这种众所周知的对应关系。但本书的研究更关心的是支路相角差、有功传输与支路的静态能量之间存在的对应关系，如图3-9～图3-11所示。

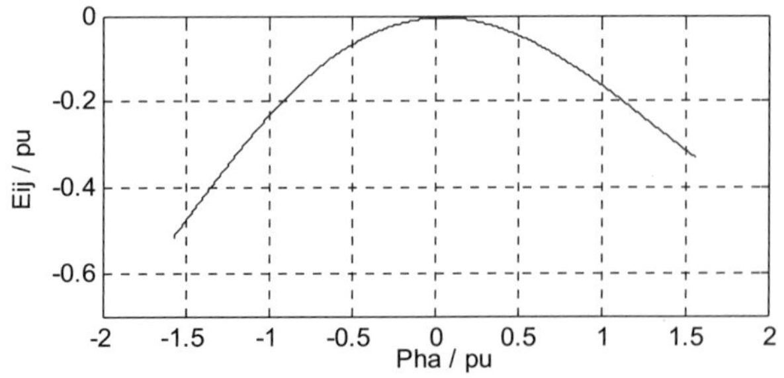


图3-9　支路相角差与支路能量的关系

从图3-9中可以看出，相角差在 $-\pi/2 \leqslant \delta_{ij} \leqslant \pi/2$ 范围内，支路势能函数与相角差之间呈先增后减关系，当 $\delta_{ij} < 0$ 时，功率从节点 $i$ 流向节点 $j$，此时，能量值增大，而在 $\delta_{ij} \approx \delta_{ij}^{s}$ 时，$\left|E_{\mathrm{T}ij}\right|$ 达到最小值0。然后能量值一直下降，因此，如果相角差 $\delta_{ij}$ 从初始点 $\delta_{ij}^{s}$ 开始增加的过程中，能量值将一直下降，直到 $\delta_{ij} = \delta_{ij\max}$。

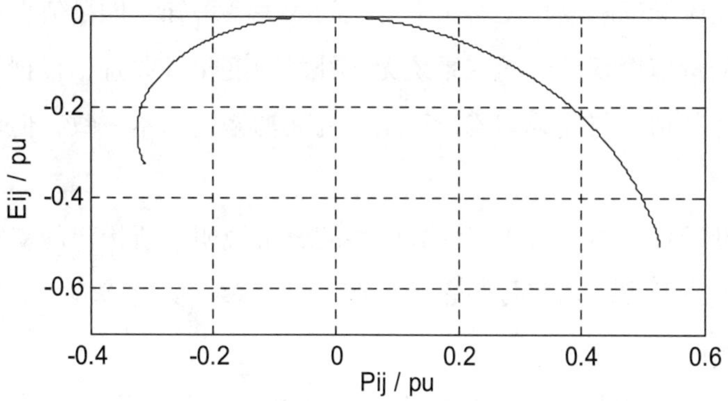


图3-10　支路功率传输与支路能量的关系

图3-10是支路有功传输与支路势能的关系曲线。当 $P_{ij} = P_{ij}^{s}$ 时，$E_{\mathrm{T}ij} = 0$，此时势能绝对值最小；当 $P_{ij}$ 从 $P_{ij}^{s}$ 开始正向或反向增加时，$\left|E_{\mathrm{T}ij}\right|$ 随之增大，当 $P_{ij}$ 达到支路功率传输极限时，势能 $\left|E_{\mathrm{T}ij}\right|$ 达到极限。

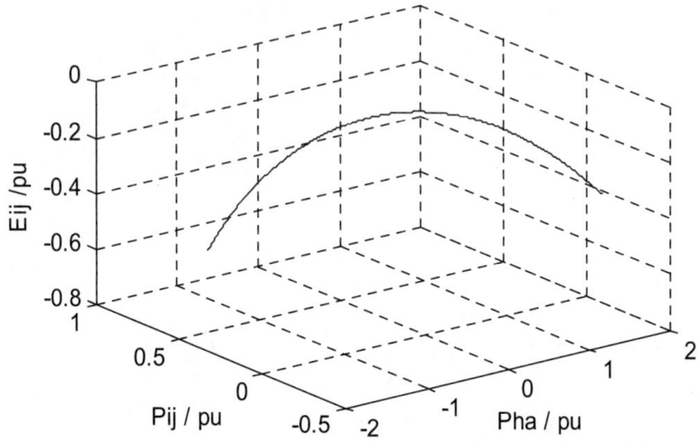


图3-11　支路相角差、有功传输与支路能量的关系

图3-11以三维的形式进一步展示了相角差、有功传输与支路能量的对应关系。根据以上仿真结果，可得如下结论：无论是有功传输还是支路相角差，都与支路的静态能量存在具有规律性的对应关系，即可以从能量的角度来反映支路有功传输或者相角差的变化。因此，从支路输送能量的角度来分析支路的脆弱性具有可行性。

## 3.3 本章小节

本章分别从能量函数与无功充裕度、支路功率传输方面进行了较为详细的探讨，所得结论总结如下。

（1）通过探讨能量函数与无功充裕度之间的关系可知：能量值大小将反映无功补偿的多少，能量值增长趋势随着系统无功补偿而变化，并且，根据能量函数计算出的无功裕度，其精度与连续潮流计算获取的无功裕度基本一致，但计算速度较后者快。

（2）对双母线系统的支路势能函数模型的分析说明，所构建的支路势能函数模型与支路相角差以及支路功率传输之间存在对应关系，从支路输送能量的角度来分析支路的脆弱性具有可行性。

以上结论为后面根据静态能量的观点来展开电力系统脆弱性的研究奠定了理论基础。

# 第四章 基于节点磁场储能和耗散能变化的电压脆弱性评估

## 4.1 引　言

随着经济的快速发展和用电需求的日趋增加，电力系统正发展成为容量上超大规模、空间上广域分布的高度非线性的复杂动态系统，这种条件下，系统电压稳定将受到更多因素的影响，定量控制愈加难以实现。鉴于电压稳定在维护系统安全中的重要地位，对其准确量化具有非常重要的意义。

传统的电压稳定性是指系统在遭受扰动之后节点电压能否恢复到稳定约束范围的性质，一般是通过确定局部系统电压崩溃的门槛值来对当前电压状态给出稳或不稳的二元结论。随着系统的发展，对电压稳定性的分析从最初的二元结论发展到需要量化系统在遭受某种扰动之后电压逼近临界崩溃点的特性，该特性侧重于体现电压从稳定向临界失稳的过渡过程。对该特性的量化，不仅需要知道系统当前电压运行点到临界电压运行点的距离，还需要了解系统整体范围内的控制量变化对电压安全的影响。因此，对电压稳定性的量化需要计算两个指标：①裕度指标，衡量系统当前运行状态的安全程度；②趋势指标，衡量运行状态在系统范围内的控制量影响下的变化趋势。

迄今为止，国内外学者对电压稳定性作了一定的研究，常用分析方法包括功率裕度法、特征根分析、灵敏度分析、奇异值分析、分岔理论、基于概率的风险理论以及能量函数等。这些研究方法主要从系统的确定性和不确定性两个方面来分析电压稳定性，但在量化多种影响因子下的电压稳定性时显得笼统，没有分别探讨不同的影响因素下的电压稳定性量化指标。

本章从静态能量的角度来评估系统电压脆弱性，以系统最基本的物理特性——

有功和无功平衡为依据，在考虑系统范围内的多种无功成分——无功注入集合条件下，以系统范围内多种无功成分变化下的最大势能区作为基准，建立两种指标模型来分别探讨了无功注入集合变化下的电压脆弱性程度指标和趋势指标变化情况，以此实现电力系统电压脆弱性的评估。该思路在IEEE-30母线系统中得到验证。

## 4.2 现行的电压稳定评估指标

当前评估静态电压稳定的指标很多，并且不少已尝试用于实际工程。归纳起来，大致有如下几种：

（1）雅可比矩阵的最小奇异值检验指标

给定一负荷潮流雅可比矩阵 $A$，作为扰动的 $\Delta A$ 应该加到多大，才能使 $A$ 达到奇异，选择数值稳定性最好的 $L_2$ 范数时，$A$ 的最小奇异值为

$$\sigma_{\min}(A)=\left\|A^{-1}\right\|^{-1} \tag{4-1}$$

该奇异值的最大化可使电压运行在安全状态，而该值最大化的前提是最优的无功配置方案。因此，该指标可依据最小奇异值最大化的原则来获取最优的无功配置方案，但由于是非线性的，不能提供当前电压运行点距离崩溃点多远的信息。

（2）基于电压对解的临近电压崩溃指标

基于电压对解的临近电压崩溃指标VIPI的定义式如下：

$$\text{VIPI}\overset{def}{=}\cos^{-1}\frac{\left|y(a)^T y_s\right|}{\left|y(a)\right|\left|y_s\right|} \tag{4-2}$$

其中：$y_s$ 为节点注入向量；$y(a)$ 为节点注入空间上的奇异向量。

假设 $x_1$ 为电压可运行解，$x_2$ 为电压可运行解对应的不稳定解，

因此，$a=(x_1+x_2)/2$ 为节点电压空间中的奇异向量。

VIPI随有功和无功变化的灵敏度绝对值分别为 $\left|\Delta\text{VIPI}/\Delta P_i\right|$、$\left|\Delta\text{VIPI}/\Delta Q_i\right|$。其最大值为

$$\max\left\{\left|\frac{\Delta\text{VIPI}}{\Delta P_i}\right|,\left|\frac{\Delta\text{VIPI}}{\Delta Q_i}\right|\right\} \tag{4-3}$$

灵敏度最大值对应电压薄弱点。

（3）基于普通潮流计算的电压稳定性指标

$$\mathrm{L} \overset{def}{=} \max_{i\in L}(L_i) = \max_{i\in L}\left|1-\frac{\sum_{j\in T} F_{ij}U_j}{U_i}\right| \tag{4-4}$$

式（4-4）中 $F_{ij}$ 为负荷参与因子，矩阵 $F$ 是节点导纳矩阵进行部分求逆所得 $M$ 矩阵的子矩阵，如下：

$$\begin{bmatrix} U^L \\ I^G \end{bmatrix} = M\begin{bmatrix} I^L \\ U^G \end{bmatrix} = \begin{bmatrix} Z^{LL} & F^{LG} \\ K^{GL} & Y^{GG} \end{bmatrix}\begin{bmatrix} I^L \\ U^G \end{bmatrix} \tag{4-5}$$

其中：$U^L$ 、$I^L$ 为负荷节点的电压向量和注入电流向量；$U^G$ 、$I^G$ 为发电机注入节点的电压向量和电流向量。基于普通潮流来计算式（4-4）的电压稳定性指标很容易，但是由于潮流模型本身存在的局限导致该指标不能计及保护作用和故障操作，因此，其应用也存在局限。

（4）基于潮流解的临近电压崩溃指标

基于潮流解的临近电压崩溃指标VCPI的定义式如下：

$$\mathrm{VCPI} \overset{def}{=} \frac{\Delta\sum Q_G}{\Delta Q_L} \tag{4-6}$$

其物理意义是在特定母线增加一个负荷增量 $\Delta Q_L$，同时假设由此引起的全部发电机总的无功输出的相应变化为 $\Delta\sum Q_G$， $\mathrm{VCPI}\in(1,+\infty)$，当系统电压安全性达到最佳状态时，VCPI值最小，为1；当电压安全性变差时，由于系统无功损耗增大，VCPI值逐渐变大，在电压崩溃点处达到无穷大。需要注意的是，式（4-6）的分母可根据负荷有功和无功分量的组成比例的不同而不同，在无功分量相对有功分量很小的情况下，可选择 $\Delta P_L$ 作为式（4-6）的分母。

随着电力市场的逐步推进和电网互联进程的加快，对电压脆弱性的评估要求更快的速度和更高的精确性，当前正在进一步研究的各类静态电压稳定性评估指标以及本书所提的基于静态势能的电压脆弱性评估指标正是为满足这一需要提出的。

## 4.3　节点静态势能函数模型

电力系统的功率平衡包括有功平衡和无功平衡，有功跟电压相角密切相关，而无功主要跟电压幅值有关。这里用启发式能量函数描述这一物理特性，其中有功平衡方程针对相角进行积分，而无功部分针对电压幅值进行积分，旨在解释相关联的物理量之间呈现的相互关系。这里只探讨电压脆弱性问题，因此把有功部分看作恒定量，只讨论与电压密切相关的无功部分变化对电压稳定性的影响。节点静态势能表达式为

$$E=\int_{(\delta^s,U^s)}^{(\delta,U)}[f(\delta,U),g(\delta,U)]\cdot\begin{bmatrix}\mathrm{d}\delta\\ \mathrm{d}U\end{bmatrix} \tag{4-7}$$

在多母线系统中，将式（14-7）具体到每个节点，则有

$$E_i=\int_{(\delta_i^s,U_i^s)}^{(\delta_i,U_i)}[f_i(\delta_i,U_i),g_i(\delta_i,U_i)]\cdot\begin{bmatrix}\mathrm{d}\delta_i\\ \mathrm{d}U_i\end{bmatrix} \tag{4-8}$$

其中：$f_i(\delta_i,U_i)=P_{Li}-\sum_{j=1}^{n}B_{ij}U_iU_j\sin(\delta_i-\delta_j)-\sum_{j=1}^{n}G_{ij}U_i^sU_j^s\cos(\delta_i^s-\delta_j^s)$ (4-9)

$$g_i(\delta_i,U_i)=(U_i)^{-1}\left[\left(Q_{Li}+\sum_{j=1}^{n}B_{ij}U_iU_j\cos(\delta_i-\delta_j)\right)-(U_i^s)^{-1}\sum_{j=1}^{n}G_{ij}U_i^sU_j^s\sin(\delta_i^s-\delta_j^s)\right] \tag{4-10}$$

节点$i$的有功平衡等式为：

$$P_{Li}=U_i\sum_{j=1}^{n}U_j[G_{ij}\cos(\delta_i-\delta_j)+B_{ij}\sin(\delta_i-\delta_j)] \tag{4-11}$$

节点$i$的无功平衡等式为：

$$Q_{Li}=U_i\sum_{j=1}^{n}U_j[G_{ij}\sin(\delta_i-\delta_j)-B_{ij}\cos(\delta_i-\delta_j)] \tag{4-12}$$

式（4-8）～式（4-12）中：$U_i$、$U_j$是节点$i$、$j$的电压幅值；$\delta_i$、$\delta_j$是节点$i$、$j$的相角；$G_{ij}$、$B_{ij}$分别为节点$i$、$j$之间的电导和电纳；$E_i$为节点$i$的势能值；$P_{Li}$为节点$i$的有功负荷；$Q_{Li}$为节点$i$的无功负荷。

根据式（4-8）～式（4-12），得到不考虑无功补偿的节点势能函数表达式为：

$$\begin{aligned}E_i&=\int_{(\delta_i^s,U_i^s)}^{(\delta_i,U_i)}[f_i,g_i]\cdot\begin{bmatrix}\mathrm{d}\delta_i\\ \mathrm{d}U_i\end{bmatrix}\\&=-P_{Li}(\delta_i-\delta_i^s)-U_i\sum_{j=1}^{n}U_jG_{ij}\sin(\delta_i-\delta_j)\Big|_{\delta_i^s}^{\delta_i}-U_i\sum_{j=1}^{n}U_jB_{ij}\cos(\delta_i-\delta_j)\Big|_{\delta_i^s}^{\delta_i}+\\&\sum_{j=1}^{n}U_jB_{ij}\cos(\delta_i-\delta_j)U_i\Big|_{U_i^s}^{U_i}-Q_{Li}\ln\frac{U_i}{U_i^s}-\sum_{j=1}^{n}U_jG_{ij}\sin(\delta_i-\delta_j)U_i\Big|_{U_i^s}^{U_i}\end{aligned} \tag{4-13}$$

当考虑发电机无功出力时，发电机$n$( $n=1,2,\cdots$ ) 为负荷节点$i$提供的无功为：

$$Q_{gi} = -U_n^2 B_{ni} + U_n U_i (B_{ni} \cos\delta_{ni} - G_{ni} \sin\delta_{ni}) \tag{4-14}$$

发电机$n$对节点$i$提供的势能为：

$$E_{gi} = \int_{U_i^s}^{U_i} \left[ -U_n^2 B_{ni} + U_n U_i (B_{ni} \cos\delta_{ni} - G_{ni} \sin\delta_{ni}) \right] \mathrm{d} \ln U_i \tag{4-15}$$

其中：$G_{ni}$、$B_{ni}$分别为节点$n$、$i$之间的电导和电纳。当在节点$i$投入电纳为$b_i$的电容时，补偿的无功为$Q_{ci} = b_i U_i^2$，此时无功补偿提供的势能为：

$$E_{ci} = -\frac{b_i}{2} [(U_i)^2 - (U_i^s)^2] \tag{4-16}$$

将节点势能函数模型统一表达为由无功注入以及电压的函数：

$$E_i = E_i(Q_i, U_i) \tag{4-17}$$

其中：$Q_i$为节点$i$的当前无功水平，在有多种无功注入成分时，$Q_i = Q_{Li} + Q_{ci} + Q_{gi}$。

### 4.3.1 无功注入集合、电压和能量的关系

根据式（4-17），无功注入集合$Q$、电压$U$与能量$E$之间存在如图4-1的联系。无功注入集合$Q$对能量$E$的影响是双重的，一方面通过对节点电压$U$的影响来间接影响能量$E$，中间要通过潮流计算实现$Q$与$U$之间的连接；另一方面直接作为变量来影响能量$E$，并直接通过能量函数模型来连接。

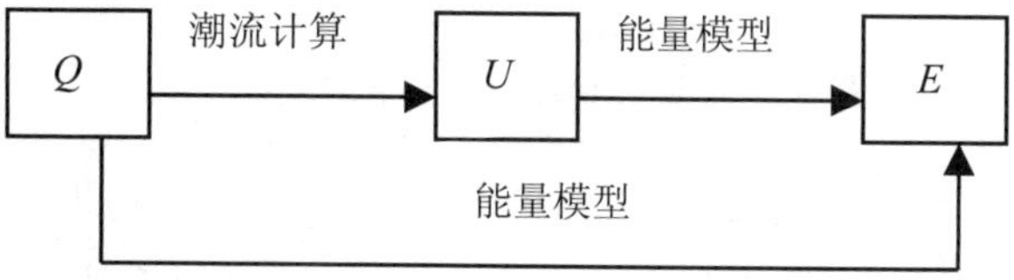


图4-1 无功注入集合、电压与能量之间的联系

### 4.3.2 势能区的物理意义

第三章3.2节已对节点静态能量与无功裕度的关系作了比较详细的探讨，同一无功水平$Q$下，在$Q-\ln U$曲线上电压临界点$U_{cr}$两侧分布着电压对解（稳定解$U_h$和对应的不稳定解$U_l$），由$U_h$、$U_l$和$Q$组成的区域，即$Q-\ln U$曲线包围区就是势能区，该区域的最大值定义为势能裕度$E_m$。该区域的大小随电压、无功注入成分和注入量的变化而变化：在相同的无功注入成分和注入量下，$E_m$不变，随无功需求$Q_L$增加，$Q$向纵轴负向移动，$U_l$、$U_h$分别与$U_{cr}$的距离减小，势能区减小，当$U_l$、

$U_h$ 最终与 $U_{cr}$ 重合时，节点势能区为0；如果系统的无功供应水平增加，$Q$ 向纵轴正向移动，$U_l$ 沿横轴左移，$U_h$ 沿横轴右移，势能区扩大；当无功注入成分变化后，临界电压值可能移动，从而势能区变化，同时影响 $E_m$ 的大小。由于 $Q-\ln U$ 曲线上 $\ln U_h$ 、$\ln U_l$ 以临界电压 $\ln U_{cr}$ 为对称轴近似对称，因此，以 $\ln U_{cr}$ 为对称轴的左右势能区近似相等。由此，要获取某状态的势能区，只需知道某状态的 $U_h$ 值就足够。

### 4.3.3 不同无功注入成分下的势能裕度获取

具体到节点 $i$，如图4-2所示。$L_1$ 代表只有无功负荷时的系统无功注入曲线，$L_2$ 代表在 $L_1$ 基础上发电机无功出力增加时的系统无功注入曲线，$L_3$ 代表在 $L_2$ 基础上有并联电容器补偿的系统无功注入曲线，$L_1$ 、$L_2$ 和 $L_3$ 与横坐标包围的区域分别表示势能裕度 $E_{mi}^L$ 、$E_{mi}^g$ 和 $E_{mi}^{gc}$ ；$U_{cri}$ 、$U_{cri}^g$ 和 $U_{cri}^{gc}$ 分别为不同无功注入成分下的临界电压点，$U_{hsi}$ 为对应节点 $i$ 的初始稳态电压，对应 $U_{hsi}$ 的无功注入和为 $Q_{si}$ 。

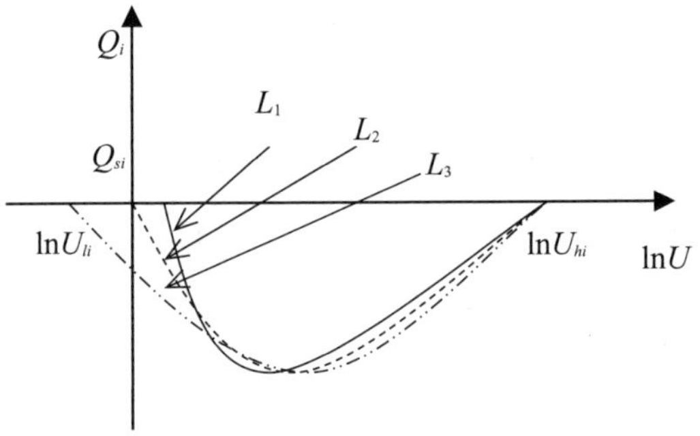


图4-2 不同无功注入成分下的节点势能区

由图4-2可见，当无功负荷需求 $Q_{Li}$ 达到负荷极限 $Q_{L\max\_i}$ 时，$Q_{si}=0$ ，对应的临界电压为 $U_{cri}$ ，势能达到临界值 $E_{cri}(Q_{L\max\_i},U_{cri})$ ，因此系统具有的势能裕度可表达为

$$E_{mi}^L=\left|E_{si}(Q_{si},U_{hsi})-E_{cri}(Q_{L\max\_i},U_{cri})\right| \tag{4-18}$$

其中：$E_{mi}^L$ 为系统给定初态下的势能裕度，$E_{si}$ 是系统初始势能值，$E_{cri}$ 为势能临界值，$U_{hsi}$ 为初始稳态解。

当发电机对某节点的无功出力增加时，$Q_{L\max\_i}$ 增加到 $Q_{L\max\_i}^g$ ，$Q-\ln U$ 区域扩大，此时电压临界点为 $U_{cri}^g$ ，比 $U_{cri}$ 略高，此时 $E_{mi}^L$ 增加到 $E_{mi}^g$ ，可表达为

$$E_{mi}^g=\left|E_{si}(Q_{si},U_{hsi})-E_{cri}(Q_{L\max\_i}^g,U_{cri}^g)\right| \tag{4-19}$$

在式（4-19）基础上考虑并联电容器无功补偿时，$Q_{L\max\_i}^{g}$ 增加到 $Q_{L\max\_i}^{gc}$，$Q-\ln U$ 区域进一步扩大，此时临界电压为 $U_{cri}^{gc}$，比 $U_{cri}^{g}$ 及 $U_{cri}$ 都略高，此时 $E_{mi}^{g}$ 增加到 $E_{mi}^{gc}$，可表达为

$$E_{mi}^{gc}=\left|E_{si}(Q_{si},U_{hsi})-E_{cri}(Q_{L\max\_i}^{gc},U_{cri}^{gc})\right| \tag{4-20}$$

# 4.4　电压脆弱性量化指标一

## 4.4.1　有效能量的定义

在电压$U$的约束范围内，定义功率注入集合影响下能够保证系统电压处于稳定极限内的能量为有效能量（$\Delta E$），这里的注入集合只包括无功注入，有功注入视为恒定。图4-2中，当电压处于稳定水平 $U_0$ 时，此时能量值为稳态能量 $E_0$；当无功负荷增加，电压不断下降，当电压下降到临界值 $U_{cr}$ 时，能量到达极限值 $E_{cr}$；当发电机无功出力增加或投入电容补偿时，稳态电压上升，初始能量值也随之上升，$\Delta E$ 增大。需要注意的是，对应不同的无功成分，临界电压值也有区别，并联电容器补偿时的临界电压明显偏高。

根据 $Q-\ln U$ 曲线包围区的物理含义以及对有效能量的定义，得到有效能量的表达式如下：

$$\Delta E=E_0(Q_0,U_0,\theta_0)-E_{cr}(Q_{cr},U_{cr},\theta_{cr}) \tag{4-21}$$

对应不同的无功成分，有效能量将有所变化。

## 4.4.2　指标模型构建

### 4.4.2.1　程度指标构建

对应电压脆弱性的量化要求，基于有效能量的电压脆弱性量化需要计算两个指标：①当前能量与有效能量的距离，即程度指标；②程度指标随着其影响因素变化的发展趋势，即趋势指标。根据式（4-21），程度指标$D$表达式为

$$D=\frac{E}{\Delta E} \tag{4-22}$$

由式（4-22）可知，当 $D\in(-1,0)$ 时，电压稳定；当 $D=-1$ 时，电压处于失稳临界点；当 $D\in(-\infty,-1)$ 时，电压失稳；当 $D\in(1,+\infty)$ 时，电压在稳态初始值基础上升。

#### 4.4.2.2　趋势指标构建

趋势指标度量的是无功注入集合影响下程度指标随着电压变化的发展趋势。根据图 4-1 中电压与无功注入之间的关系可知 $Q=Q^{-1}(U,\delta)$，结合式（4-21）、式（4-22）可得无功注入集合影响下的趋势指标为

$$T=\frac{\partial D}{\partial U}=(\Delta E)^{-1}\cdot(\frac{\partial E}{\partial Q}\frac{\partial Q}{\partial U}+\frac{\partial E}{\partial U}) \tag{4-23}$$

由式（4-23）可知，当 $T>0$ 时，无功注入增加，电压上升；当 $T=0$ 时，无功注入保持平衡，电压保持不变；当 $T<0$ 时，无功注入不足，电压下降。

式（4-22）、式（4-23）表达的程度指标和趋势指标将系统中不同无功成分的影响统于一体，在统一能量框架下实现了对不同无功成分影响下的电压脆弱性评估，比常规的仅依靠灵敏度分析的评估方式要显得更合理。

### 4.4.3　无功注入集合变化的电压脆弱性量化指标获取

#### 4.4.3.1　无功负荷需求增长下的指标获取

无功注入集合中的无功负荷是系统中主要的无功消耗源，电压脆弱性很大程度上取决于该无功成分的变化。在系统给定的初始稳态条件下，节点 $i$ 可承受的最大无功负荷对应的能量就是系统的有效能量，表达式为

$$\Delta E_i=Q_{Li\_\max}\ln(U_{i\_cr}/U_{i\_0}) \tag{4-24}$$

此时，程度指标表达式为

$$D_i=\frac{E_i}{\Delta E_i} \tag{4-25}$$

趋势指标表达式为

$$T_i=(\Delta E)^{-1}\cdot(\frac{\partial E_i}{\partial Q_{Li}}\frac{\partial Q_{Li}}{\partial U_i}+\frac{\partial E_i}{\partial U_i}) \tag{4-26}$$

如果在无功负荷约束越限之前发电机无功出力约束已经越限，则此时的趋势指标修正为

$$T_i=(\Delta E_i)^{-1}\cdot\frac{\partial E_i}{\partial U_i} \tag{4-27}$$

#### 4.4.3.2　发电机无功出力变化下的指标获取

发电机无功出力是影响电压脆弱性的重要因素，进行与之相关的程度指标和趋势指标分析是进行电压脆弱性评估的重要环节。节点 $i$ 初始的有效能量为 $\Delta E_i$，考虑发电机无功出力增加时对节点 $i$ 注入无功 $Q_{gi}$ 时的有效能量为

$$\Delta E_i^g = Q_{gi}\ln(U_{i\_cr}/U_{i\_0}) + \Delta E_i \tag{4-28}$$

其中：$\Delta E_i^g$ 为有发电机无功支持的有效能量。此时的程度指标表达式为

$$D_i^g = \frac{E_i}{\Delta E_i^g} \tag{4-29}$$

趋势指标表达式为

$$T_i^g = (\Delta E_i^g)^{-1}\cdot(\frac{\partial E_i}{\partial Q_i}\frac{\partial Q_i}{\partial U_i} + \frac{\partial E_i}{\partial U_i}) \tag{4-30}$$

当发电机无功出力达到最大值的时候，PV 节点转化为PQ 节点，由于能量注入不再变化，因此程度指标不变，此时趋势指标不再受无功注入的影响，因此不再与潮流计算有关，只需根据静态能量函数表达式修正为

$$T_i^g = (\Delta E_i^g)^{-1}\cdot\frac{\partial E_i}{\partial U_i} \tag{4-31}$$

#### 4.4.3.3 投入无功补偿装置时的指标获取

无功补偿对维护系统电压安全起着重要作用，因此有必要探讨无功补偿对电压稳定性的影响。节点 $i$ 初始的有效能量为 $\Delta E_i$，当并联电容器对节点 $i$ 补偿无功 $Q_{ci}$ 时的有效能量为

$$\Delta E_i^c = E_{i\_c} + \Delta E_i \tag{4-32}$$

此时，程度指标为

$$D_i^c = \frac{E_i}{\Delta E_i^c} \tag{4-33}$$

趋势指标需要考虑加上电容器投入产生的影响，表达为

$$T_i^c = (\Delta E_i^c)^{-1}\cdot(\frac{\partial E_i}{\partial Q_i}\frac{\partial Q_i}{\partial U_i} + \frac{\partial E_i}{\partial U_i}) \tag{4-34}$$

当电容器的调节达到最大时，趋势指标修正为

$$T_i^c = (\Delta E_i^c)^{-1}\cdot\frac{\partial E_i}{\partial U_i} \tag{4-35}$$

#### 4.4.3.4 无功注入集合同时变化下的量化指标获取

系统的无功注入集合的变化可导致程度指标和趋势指标的不同组合，当发电机无功注入、无功负荷以及无功补偿同时考虑时，节点$i$的有效能量表达为

$$E_i^{\mathrm{gLc}} = \Delta E_i + \Delta E_i^{\mathrm{g}} + \Delta E_i^{\mathrm{c}} \tag{4-36}$$

其裕度指标为

$$D_i^{\mathrm{gLc}} = \frac{E_i}{\Delta E_i^{\mathrm{gLc}}} \tag{4-37}$$

其趋势指标为4.4.3.1节、4.4.3.2节和4.4.3.3节所得趋势指标的叠加，表达如下

$$T_i^{\mathrm{lgc}} = (\Delta E_i^{\mathrm{lgc}})^{-1} \cdot \left(\frac{\partial E_i}{\partial Q_i}\frac{\partial Q_i}{\partial U_i} + \frac{\partial E_i}{\partial U_i}\right) \tag{4-38}$$

### 4.4.4 仿真分析

IEEE-30母线系统中，发电机共6台，分别位于节点1、2、5、8、11、13处，并假定只发容性无功；并联电容器两台，分别补偿节点10、24；变压器四台，分别接在支路9-6、6-10、4-12、28-27。所有稳态运行值通过潮流计算获取，而初始值取系统给定值。

（1）发电机无功出力增加时的量化指标计算

以第一次潮流计算得出的运行状态作为初始稳定状态，发电机节点11无功出力增加，距离最近的节点7、10、17的指标变化情况，如图4-3、图4-4所示。

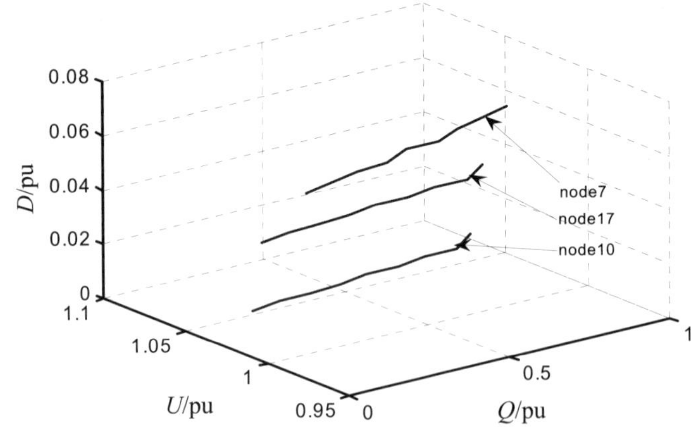


图4-3　发电机11的无功出力增加时部分节点的$D$指标变化

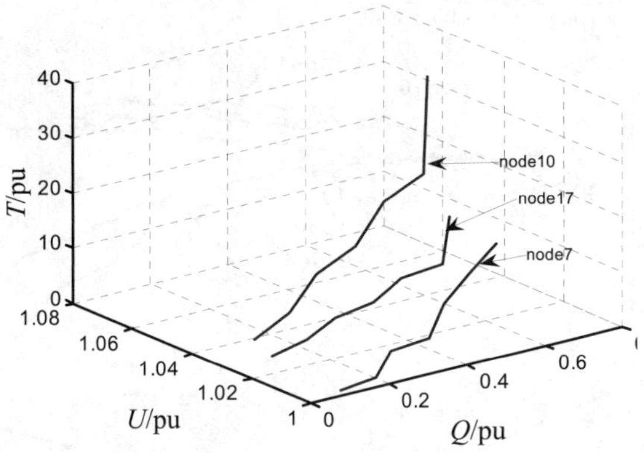


图4-4　发电机11的无功出力增加时部分节点的$T$指标变化

图4-3中，在发电机11的无功出力增加的过程中，节点7、17的裕度指标增加较多，节点10的裕度指标增加较少，但总体上相邻节点的有效能量都在扩大；图4-4中，节点7、10、17的趋势指标从等于零变为大于零，说明在发电机11无功出力增加过程中，距发电机较近的节点能量和电压呈现一致的递增关系，发电机无功出力的增加有利于维持电压稳定。并且，节点10的趋势指标最大，节点17次之，节点7最小，说明节点10的电压受发电机11的影响最大，而节点17和节点7由于远离发电机节点11，不易受发电机11的无功出力影响。

（2）无功负荷增长时的量化指标计算

节点3的无功负荷增加时，距离节点2最近的节点4和距离节点2较远的节点15、16、30的指标变化情况，如图4-5、图4-6所示。

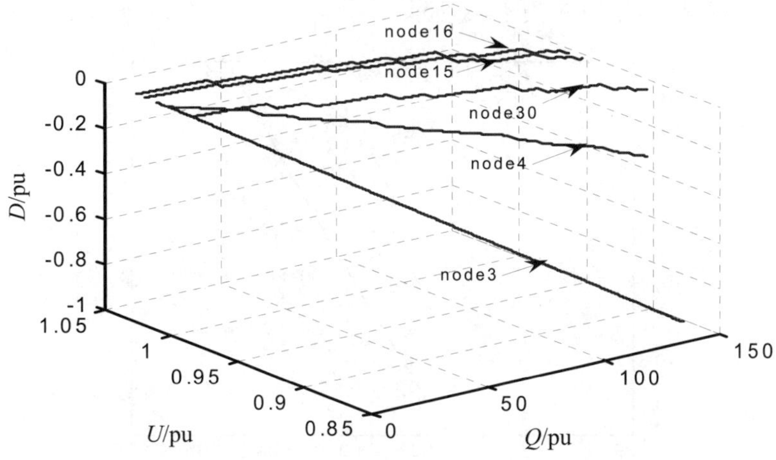


图4-5　节点3无功负荷增加时部分节点的D指标变化

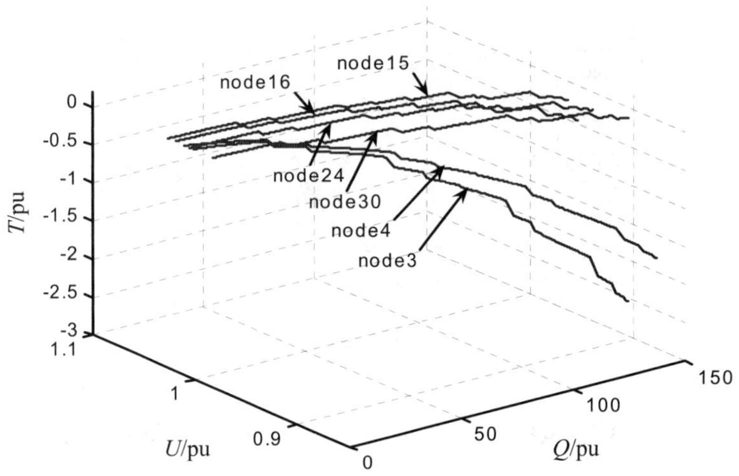


图4-6　节点3无功负荷增加时节点的$T$指标变化

图4-5中，节点3的无功负荷增长的时候，节点3、4、15、16、30的裕度指标出现不同程度的下跌，而节点3跌落最多，电压接近临界值时，裕度指标基本接近极限−1.0，距离节点3较近的节点4次之，其他相距较远的节点裕度指标跌落较少；图4-6中的趋势指标全部呈现负值，与裕度指标变化关系一致，说明在节点3的无功负荷增长过程中，节点3、4、15、16、30的电压均从初始稳态开始下降，而节点3的趋势指标相对变化比较大，说明在节点3的无功负荷增加过程中该点电压在系统无功不足时易发生电压失稳。

（3）考虑无功补偿时的量化指标计算

节点12的无功负荷增加到约束极限的过程中，在节点10处投入并联电容器补偿后的指标变化情况，如图4-7、图4-8所示。

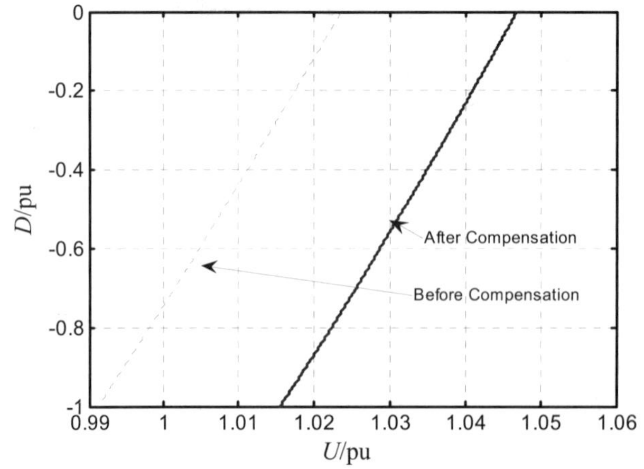


图4-7　无功补偿前后节点10的$D$指标变化

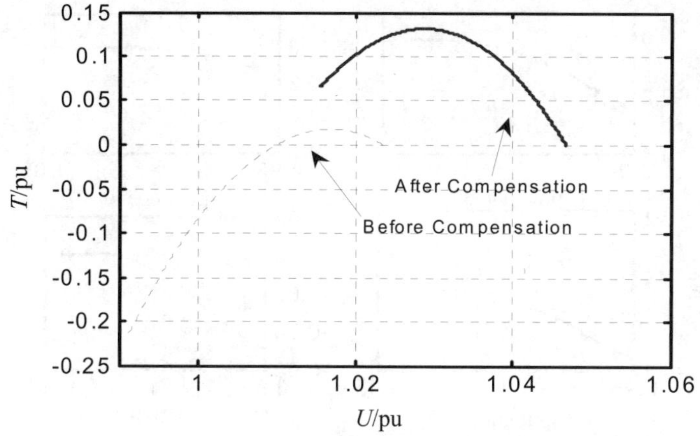


图4-8　无功补偿前后节点10的$T$指标变化

图4-7中，无功补偿前后节点10的程度指标发生了明显的变化，在相同的能量水平下，补偿后的电压幅值有明显的提高；图4-8中，无功补偿前，随着节点12无功负荷的增加，趋势指标由大于0逐渐减小到负值，无功不平衡，电压下降。而在无功补偿后，趋势指标呈现正值，并存在最大值，接着由于节点12无功负荷的增加导致节点10的无功流失，趋势指标呈下降趋势并最终达到0，无功趋向平衡，电压趋向稳定。仿真表明，程度指标和趋势指标均对无功补偿表现出敏感性。

（4）发电机无功出力和无功负荷同步增加（有无功补偿）时的量化指标计算

当节点10、24有无功补偿，节点2无功出力和节点3的无功负荷以相同的步长增加时，节点3、4、15、16的指标变化情况，如图4-9、图4-10所示。

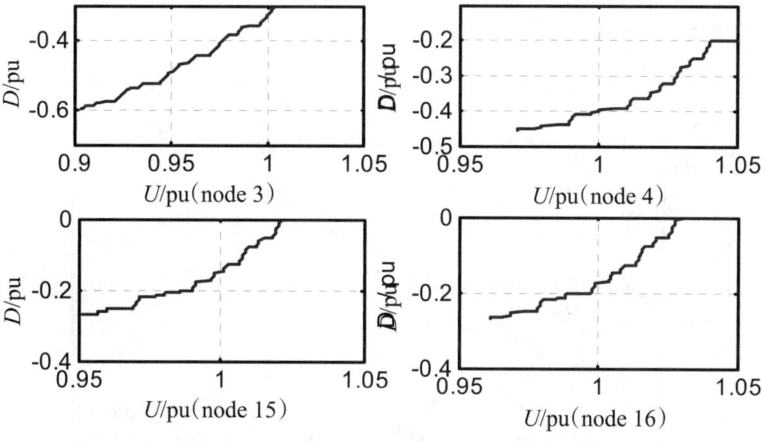


图4-9　节点2的无功出力和节点3的无功负荷都增加时的$D$指标变化

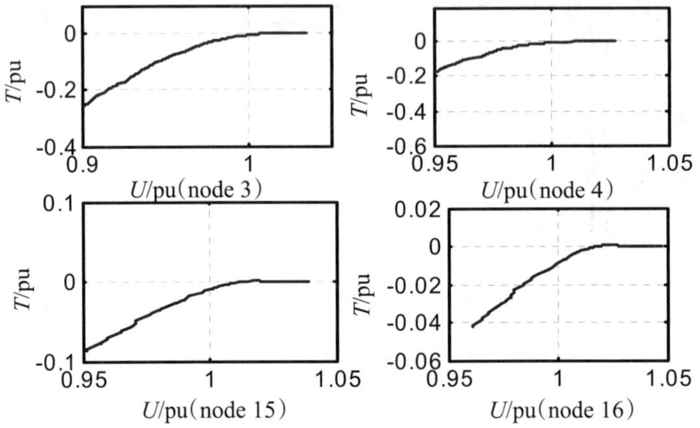


图4-10　节点2的无功出力和节点3的无功负荷都增加时的$T$指标变化

图4-9中，节点3程度指标下降最大，节点4距离节点2、3稍近，因此下降程度较多，节点15、16距离节点2、3稍远，相对节点3、4下降稍小。总的来说，与图4-5比较，节点3、4、15、16的程度指标的下降均有减少，这是由于发电机无功出力的增加延缓了节点能量和电压的下降；图4-10中，节点3的趋势指标从零开始一直下降，但与图4-6比较，下降程度减少。节点4、15、16的趋势指标由于发电机无功出力的影响曾一度为正，电压曾有上升趋势，但由于节点3的无功负荷增加比发电机无功出力大许多，因此，趋势指标最终下降到负值，只是发电机的无功出力延缓了其减小过程，说明系统当前无功水平不足以维持电压稳定。

（5）网络拓扑结构变化下的量化指标计算

线路16-17跳开前后，在节点12的无功负荷增长过程中，节点16、17的指标曲线，如图4-11、图4-12所示。

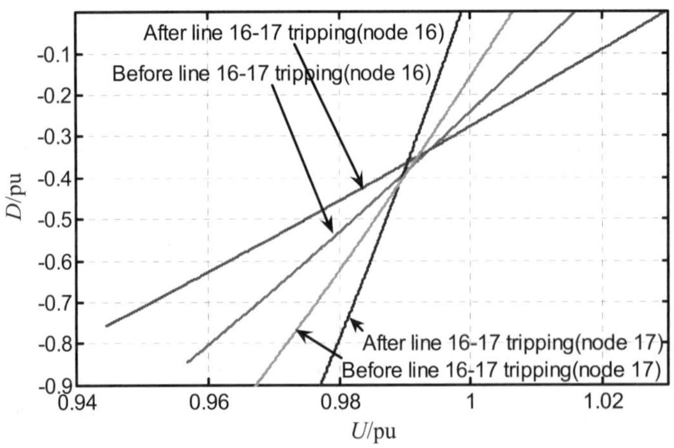


图4-11　线路16-17跳开前后节点16、17的$D$指标曲线

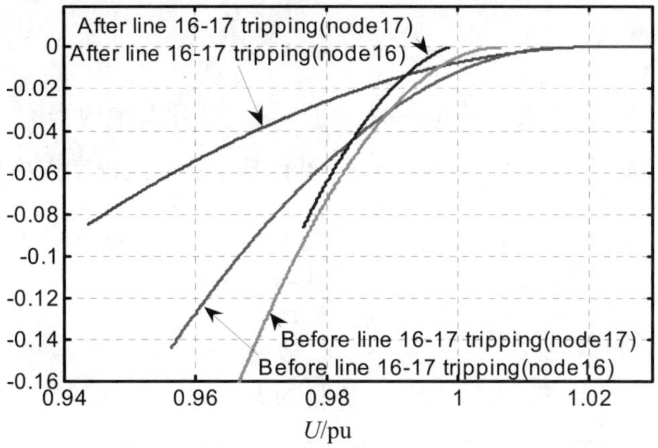


图4-12线路16-17跳开前后节点16、17的$T$指标曲线

由图4-11可见，线路16-17跳开后，节点16的程度指标相对线路16-17跳开前有所增大，而节点17的程度指标比线路16-17跳开前减小；图4-12中，在线路16-17跳开后，节点16的趋势指标相对线路16-17跳开前变化趋缓，而节点17则相反。说明线路16-17跳开后，节点16的电压稳定性增强，对无功注入敏感性减弱，而节点17的电压稳定性则相对减弱。原因在于节点17在线路16-17跳开前，曾吸收了部分来自线路16-17传送的无功，以维持电压稳定，该无功支持在线路16-17跳开后终止，此时节点16的无功则显得稍充裕，电压趋向稳定。

上面4.4.4节的仿真从不同无功成分以及网络结构变化方面进行了文中所提量化指标的计算分析，分析结果证明了该电压脆弱性量化指标的有效性和可行性。

## 4.5　电压脆弱性量化指标二

### 4.5.1　指标模型构建

（1）程度指标构建

在$Q-\ln U$坐标轴上，无功注入、电压与势能之间存在如下近似关系：

$$\frac{Q_i}{Q_{si}} \approx \frac{\ln U_{hi} - \ln U_{cri}}{\ln U_{hsi} - \ln U_{cri}} \approx \sqrt{\left|\frac{E_i}{E_{mi}}\right|} \tag{4-39}$$

其中：$E_i$、$E_{mi}$分别为当前状态下的势能和势能裕度。再根据电压脆弱性的定义并结合通常的电压稳定性指标，提出通常的电压评估指标如下：

$$M_i = \frac{U_{hi} - U_{hsi}}{U_{cri} - U_{hsi}} \tag{4-40}$$

式（4-40）中，$M_i$ 表征的是在节点电压最大变化范围内当前电压偏离稳态初始电压的程度。根据式（4-39）、式（4-40）可得基于势能的程度指标为

$$M_i = \frac{(U_{hsi} / U_{cri})^{\sqrt{|E_i / E_{mi}|}} - U_{hsi} / U_{cri}}{1 - U_{hsi} / U_{cri}} \tag{4-41}$$

式（4-41）的右边只涉及 $U_{hsi}$、$U_{cri}$、$E_i$、$E_{mi}$ 这四个状态量。在同一无功注入成分下，$U_{hsi}$、$U_{cri}$ 和 $E_{mi}$ 保持不变，$E_i$ 将随无功需求增加而变化；当系统无功注入成分变化时，四个量都将受影响而变化。程度指标通过节点势能来计算当前电压与临界电压的距离变化程度，根据式（4-40）、式（4-41）得到关于 $M_i$ 的定性分析如下：当 $M_i > 1$ 时，$U_i < U_{cri}$，电压失稳；$M_i = 1$ 时，$U_i = U_{cri}$，电压处于临界状态；$M_i < 1$，$U_i > U_{cri}$，电压相对稳定。

（2）趋势指标构建

电压脆弱性趋势指标度量的是程度指标随不同无功注入成分变化的发展趋势，是对程度指标的辅助分析。根据式（4-39）可得势能与无功水平之间的关系如下：

$$E_i = (\frac{Q_i}{Q_{si}})^2 \cdot E_{\mathrm{m}i} \tag{4-42}$$

根据式（4-41）、式（4-42）可得不同无功注入成分影响下的节点电压脆弱性趋势指标为：

$$\begin{aligned} T_i &= \frac{\partial M_i}{\partial Q_i} = \frac{\partial M_i}{\partial E_i} \cdot \frac{\partial E_i}{\partial Q_i} \\ &= \frac{(U_{\mathrm{hs}i} / U_{\mathrm{cr}i})^{\sqrt{|E_i / E_{\mathrm{m}i}|}} \cdot \ln(U_{\mathrm{hs}i} / U_{\mathrm{cr}i}) \cdot (|E_i / E_{\mathrm{m}i}|)^{-1/2}}{1 - U_{\mathrm{hs}i} / U_{\mathrm{cr}i}} \cdot \frac{Q_i}{Q_{\mathrm{s}i}} \end{aligned} \tag{4-43}$$

趋势指标 $T_i$ 的正负符号反映了程度指标对无功注入的灵敏性。根据 $M_i$ 的物理意义，关于 $T_i$ 的定性分析及其与 $M_i$ 的关系如下：$T_i > 0$ 时，$E_i > E_{si}$，$U_{hi}$ 上升，$M_i$ 减小；$T_i = 0$ 时，$E_i = E_{si}$，$U_{hi}$ 不变，$M_i$ 不变；$T_i < 0$ 时，$E_i < E_{si}$，$U_{hi}$ 下降，$M_i$ 增大。式（4-41）、式（4-43）通过势能函数将系统中多种参数的影响统一在势能框架下来实现电压脆弱性评估。

### 4.5.2　系统无功成分变化下的指标获取

（1）无功负荷需求增长下的指标获取

具体到节点，当节点 $i$ 仅无功负荷需求增加，此时系统的势能裕度为 $E_{mi}^{L}$［式（4-18）］，程度指标为

$$M_i = \frac{(U_{hsi}/U_{cri})^{\sqrt{|E_i/E_{mi}^{L}|}} - U_{hsi}/U_{cri}}{1 - U_{hsi}/U_{cri}} \tag{4-44}$$

趋势指标为

$$T_i = \frac{\partial M_i}{\partial Q_i} = \frac{\partial M_i}{\partial E_i} \cdot \frac{\partial E_i}{\partial Q_{Li}} \tag{4-45}$$

（2）发电机无功注入成分变化下的指标获取

在无功负荷增加且发电机无功注入同时增加并逼近约束极限的过程中，对应系统给定最小电压幅值的势能裕度为 $E_{mi}^{g}$［式（4-19）］，结合式（4-15），程度指标表达为

$$M_i^{g} = \frac{(U_{hsi}/U_{cri}^{g})^{\sqrt{|E_i^{g}/E_{mi}^{g}|}} - U_{hsi}/U_{cri}^{g}}{1 - U_{hsi}/U_{cri}^{g}} \tag{4-46}$$

此时趋势指标表达为

$$T_i^{g} = \frac{\partial M_i}{\partial E_i^{g}} \cdot \frac{\partial E_i^{g}}{\partial Q_{Li}} + \frac{\partial M_i}{\partial E_i^{g}} \cdot \frac{\partial E_i^{g}}{\partial Q_{gi}} \tag{4-47}$$

（3）投入无功补偿装置时的指标获取

在式（4-19）的基础上投入并联电容器，此时系统势能裕度为 $E_{mi}^{gc}$［式(4-20)］，根据式（4-15）、式（4-16），程度指标表达为

$$M_i^{gc} = \frac{(U_{hsi}/U_{cri}^{gc})^{\sqrt{|E_i^{gc}/E_{mi}^{gc}|}} - U_{hsi}/U_{cri}^{gc}}{1 - U_{hsi}/U_{cri}^{gc}} \tag{4-48}$$

趋势指标需要加上投入电容器产生的影响，表达为

$$T_i^{gc} = \frac{\partial M_i}{\partial Q_i} = \frac{\partial M_i}{\partial E_i^{gc}} \cdot \frac{\partial E_i^{gc}}{\partial Q_{Li}} + \frac{\partial M_i}{\partial E_i^{gc}} \cdot \frac{\partial E_i^{gc}}{\partial Q_{gi}} + \frac{\partial M_i}{\partial E_i^{gc}} \cdot \frac{\partial E_i^{gc}}{\partial Q_{ci}} \tag{4-49}$$

### 4.5.3　网络结构变化下的指标获取

网络拓扑结构的变化影响电网无功的分配，从而影响各节点势能和电压幅值。网络拓扑结构变化主要是支路的断开或投入，在势能函数式中，通过支路导纳矩阵

的变化来体现。体现在程度指标上，可表达为

$$M_i^t = \frac{(U_{hsi} / U'_{cri})^{\sqrt{|E_i'(B',G')/E'_{mi}(B',G')|}} - U_{hsi} / U'_{cri}}{1 - U_{hsi} / U'_{cri}} \tag{4-50}$$

其中：$E_i'$ 为网络拓扑结构变化后的各节点当前势能值；$E_{mi}'$ 为网络结构变化后各节点的势能裕度；$B'$、$G'$ 为网络结构变化后的导纳矩阵；$U_{cri}'$ 为网络结构变化后的临界电压值。网络结构变化下，趋势指标也将受影响，表达为

$$T_i^t = \frac{\partial M_i'}{\partial Q_i} = \frac{\partial M_i'}{\partial E_i'} \cdot \frac{\partial E_i'}{\partial Q_i} \tag{4-51}$$

网络结构变化后，伴随有不同无功注入成分变化时各节点电压脆弱性评估指标获取与前面式（4-44）～式（4-49）所分析的评估指标获取类似，这里不再赘述。

## 4.6 仿真分析

### 4.6.1 算法流程

① 构建节点势能函数模型。

② 计算不同无功注入成分下的势能裕度。

③ 建立评估电压脆弱性的程度指标和趋势指标。

④ 计算不同无功注入成分下各节点的电压脆弱性指标，在不同负荷节点无功需求增加下，确定出现程度指标值大的节点为脆弱节点。

⑤ 在④的基础上根据网络拓扑结构的变化计算各节点的电压脆弱性指标，在所有负荷无功需求增加下，确定程度指标值大的节点为脆弱节点。

### 4.6.2 仿真结果及分析

IEEE-30母线系统中，发电机共6台，分别位于节点1、2、5、8、11、13处；并联电容器两台，分别补偿节点10、24；负荷节点为3、4、7、10、12、14、15、16、17、18、19、20、21、23、24、26、29、30。所有初始稳态值由潮流计算获取。对应第4节中所提取的指标，选取五种有代表性的系统事件进行实证分析：

case1：不同负荷节点分别达到无功极限。

case2：在case1基础上在节点10、24进行无功补偿。

case3：在case2的基础上使发电机2的无功出力达到极限。

case4：在case3的基础上断开支路16-17。

case5：在case4的基础上断开支路18-19。

其仿真结果及具体分析如下。

（1）基于势能注入的电压脆弱性评估指标仿真

在五种事件下系统势能裕度，如图4-13所示。

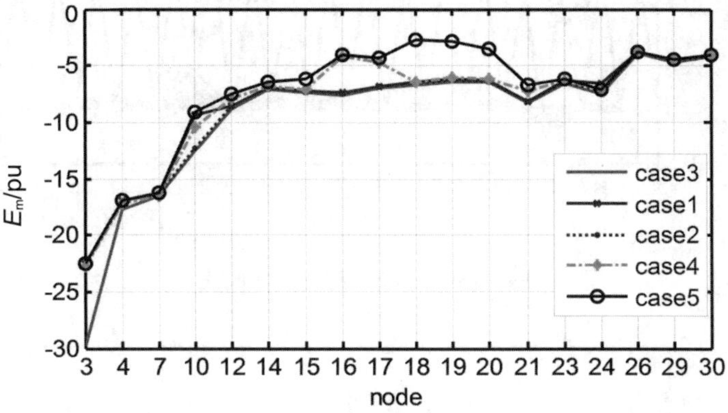


图4-13 五种事件下系统的势能裕度 $E_m$

从图4-13可知，无功注入成分的变化将导致各节点不同的势能裕度：发电机无功注入增加后的负荷节点势能裕度增加，并且距离发电机节点越近处增加越明显；考虑无功补偿后，被补偿节点的势能裕度也增加，但当有一条线路断开时势能裕度减小，这种现象在断开两条线路时更加明显。在不同系统运行方式下，当各负荷节点的当前势能位于图4-13中对应的势能裕度内时，电压是稳定的，当前势能逼近裕度边界过程中，电压将不断逼近电压临界点而导致脆弱化。以第一次潮流计算的运行状态作为系统初值，在五种系统事件下对所提指标进行仿真，其程度指标曲线，见图4-14～图4-18。

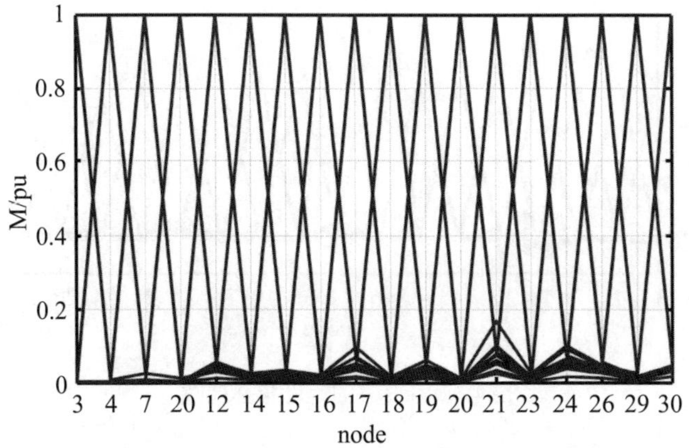


图4-14 case1的程度指标曲线

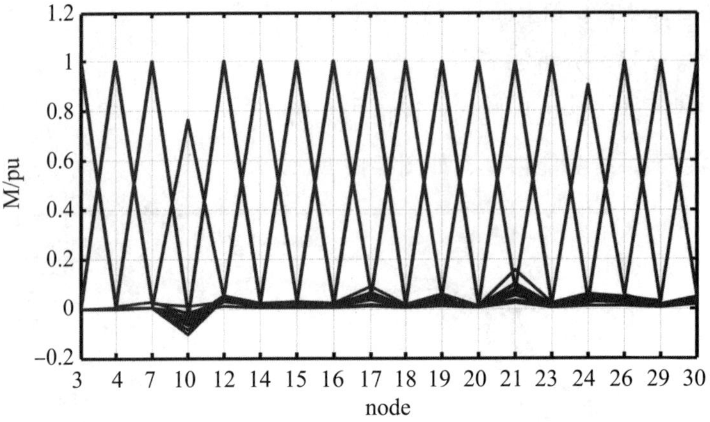


图4-15　case2的程度指标曲线

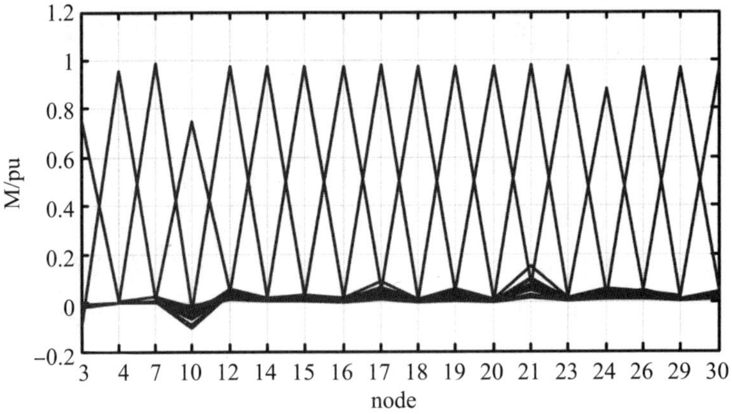


图4-16　case3的程度指标曲线

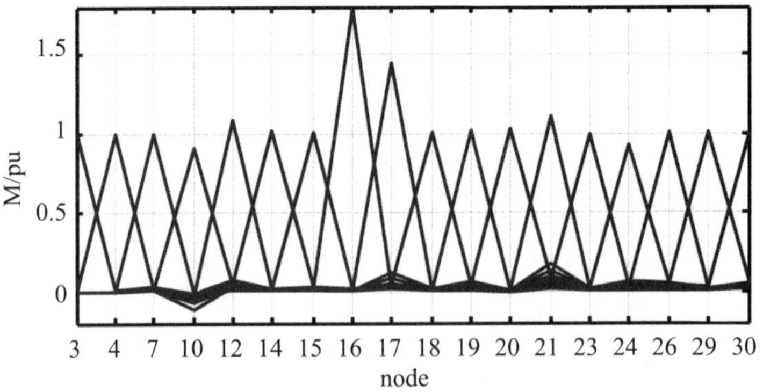


图4-17　case4的程度指标曲线

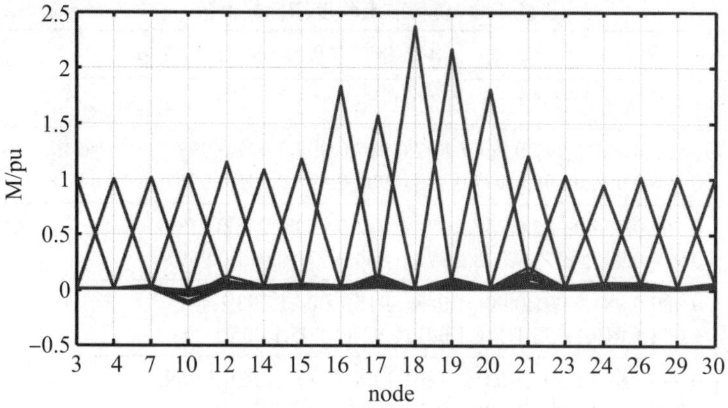


图4-18　case5的程度指标曲线

图4-14中，每一负荷节点达到无功需求极限时，该节点程度指标也达到1，而其他节点的程度指标值呈现不同程度的上升，如图中重叠的曲线部分；图4-15中，节点10、24进行无功补偿后的程度指标明显小于1，说明无功补偿降低了这两个节点的电压脆弱性，并且，对比图4-14，被补偿节点10的相邻节点17、19、21以及节点24的相邻节点26的程度指标都有所减小，说明节点10、24处补偿无功对维护系统整体电压稳定有益；与图4-15相比，图4-16中发电机2的无功出力增加时，所有负荷节点的程度指标均有不同程度的下降，说明系统电压稳定性整体提高，并且节点3的程度指标减小明显，说明节点3的电压更易受益于发电机2的无功出力；与图4-16相比，支路16-17断开后，图4-17中节点16、17的程度指标上升幅度超过1很多，节点12、14、21和24上升幅度次之，其他节点30、29、26、23、20、19、18、15也稍有上升，但节点3、4、7、10基本保持1，这表明支路16-17的断开，恶化了系统绝大部分节点的电压脆弱性，但距发电机近的节点受支路断开影响较小；图4-18中，进一步断开支路18-19时，节点16、17、18、19、20上升程度分别达到1.830、1.569、2.366、2.162和1.800，系统节点程度指标上升幅度整体比图4-17大，系统的电压脆弱性进一步恶化。

根据图4-14～图4-18的仿真结果，五种设定事件下负荷节点的程度指标最大值及趋势指标变化情况，见表4-1、表4-2所列。

**表4-1　负荷节点程度指标最大值**

| 系统事件 | 各负荷节点程度指标最大值 /pu |
|---|---|
| Case1 | 1,1,1,1,1,1,1,1,1,1,1,1,1,1,1,1,1,1 |
| Case2 | 0.995,0.993,0.997,0.766,0.997,0.997,0.997,0.997,0.997,<br>0.996,0.996,0.996,0.997,0.993,0.907,0.995,0.995,0.996 |
| Case3 | 0.765,0.954,0.985,0.747,0.974,0.973,0.974,0.975,0.978,<br>0.974,0.975,0.977,0.978,0.974,0.884,0.971,0.971,0.969 |
| Case4 | 0.989,0.983,0.991,0.906,1.083,1.015,1.007,1.793,1.441,<br>1.004,1.019,1.032,1.113,1.001, 0.931,1.005,1.003,1.003 |
| Case5 | 0.999,0.998,1.001,1.035,1.1501,1.082,1.172,1.830,1.569,<br>2.366,2.162,1.800,1.206,1.023, 0.933,1.005,1.003,1.003 |

**表4-2　五种事件下各负荷节点趋势指标计算结果**

| 系统事件 | 各负荷节点趋势指标 |
|---|---|
| Case1 | 全部节点为负 |
| Case2 | 节点10,24由负→正→负,其余节点为负 |
| Case3 | 节点3,4,7由负→正→负,其余节点为负 |
| Case4 | 全部节点为负 |
| Case5 | 全部节点为负 |

从表4-1、表4-2可知，程度指标及趋势指标都对不同无功注入成分以及网络结构变化表现出了敏感性。由于趋势指标的正负转化仅体现节点势能的发展趋势，因此，电压脆弱节点的确定主要根据程度指标大小，程度指标值越大的节点电压脆弱性越大。

（2）基于连续潮流法的通常电压评估指标仿真

采用连续潮流法对式（4-34）所示的通常电压评估指标依次进行所设定的五种事件下的仿真计算，结果如图4-19～图4-23。

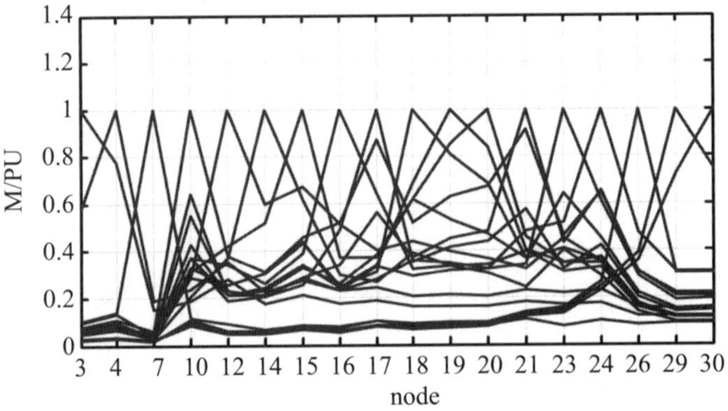


图4-19　case1的通常电压评估指标曲线

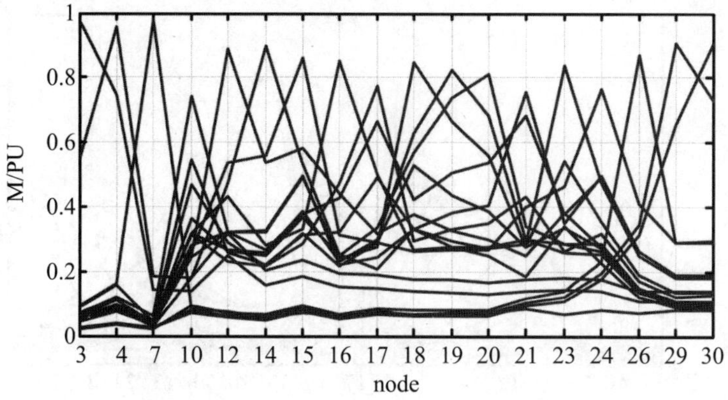


图4-20　case2的通常电压评估指标曲线

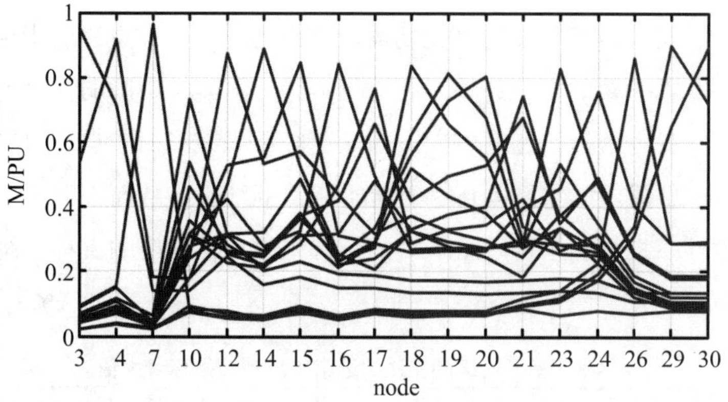


图4-21　case3的通常电压评估指标曲线

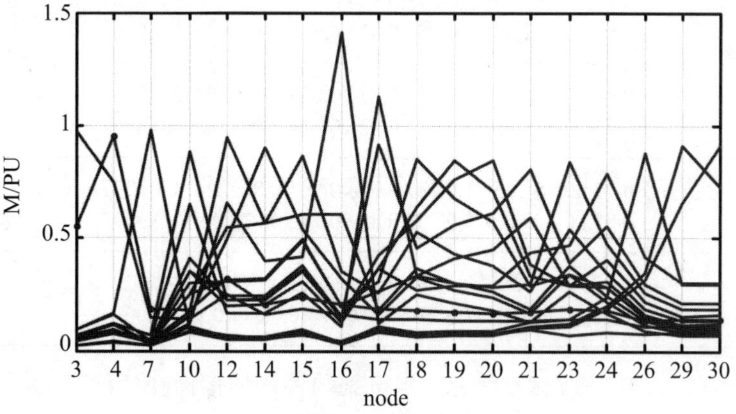


图4-22　case4的通常电压评估指标曲线

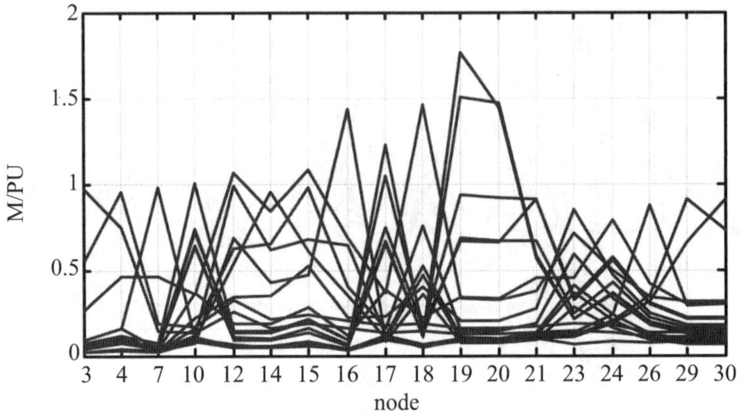


图4-23　case5的通常电压评估指标曲线

图4-19中，每一负荷节点达到无功需求极限时，负荷节点程度指标曲线呈现与图4-14所示的基本一致的变化趋势。相对图4-19，图4-14中脆弱性大的节点与脆弱性小的节点之间程度指标值相差较大，因此更容易辨识脆弱节点。对应其他事件下的图4-20～图4-23展示了与图4-15～图4-18相似的结论，从而证明了基于势能的评估方法的有效性。根据图4-19～图4-23的仿真结果，在设定的五种系统事件下所有负荷节点的程度指标最大值见表4-3所列。

**表4-3　基于连续潮流法的通常电压评估指标最大值**

| 系统事件 | 基于连续潮流法的各节点通常电压评估指标最大值/pu |
|---|---|
| Case1 | 1,1,1,1,1,1,1,1,1,1,1,1,1,1,1,1,1,1 |
| Case2 | 0.975,0.958,0.979,0.743,0.886,0.898,0.858,0.853,0.776,<br>0.846,0.822,0.812,0.753,0.836,0.765,0.871,0.907,0.906 |
| Case3 | 0.949,0.916,0.963,0.733,0.872,0.887,0.846,0.842,0.765,<br>0.836,0.813,0.803,0.744,0.826,0.756,0.861,0.896,0.895 |
| Case4 | 0.974,0.956,0.981,0.881,0.946,0.905,0.862,1.414,1.127,<br>0.852,0.842,0.843,0.843,0.838,0.788,0.877,0.911,0.909 |
| Case5 | 0.971,0.952,0.982,1.00,0.991,0.948,0.974,1.431,1.232,<br>1.728,1.759,1.467,0.914,0.846,0.788,0.877,0.911,0.909 |

根据表4-1、表4-2和表4-3，进一步得到两种评估指标在所给定的五种系统事件下的评估结果，见表4-4所列。

表4-4　两种方法的指标评估结果比较

| 系统事件 | 基于节点势能信息的评估（脆弱节点号） | 连续潮流法的通常电压评估（脆弱节点号） |
| --- | --- | --- |
| Case1 | 12,17,19,21,24 | 4,10,15,17,19,21,24 |
| Case2 | 10,17,19,21,24 | 10,15,17,19,23,24,26 |
| Case3 | 10,17,19,21,24 | 10,15,17,19,21,24,26 |
| Case4 | 10,12,16,17,19,21,24 | 10,14,16,17,18,19,20,21,24 |
| Case5 | 10,16,17,18,19,20,21,24 | 10,14,16,17,18,19,20,21,23,24 |
| 脆弱节点 | 10,17,19,21,24 | 10,17,19,21,24 |

从表4-4可知，虽然基于节点势能的评估指标在建立时做了一定的简化和假设，但评估出的系统电压易脆弱节点与基于连续潮流法的通常电压评估指标的结果基本一致。并且，比较不同事件下两种方法的计算结果可知，基于节点势能的评估指标对系统易脆弱节点表现出更明显的趋向性，可减少多判的概率，再加上能量函数本身的计算优势使得所提指标更具有实际应用价值。

## 4.7　本章小结

基于节点静态能量函数模型以及势能区的物理意义探讨了不同无功注入成分下的势能裕度，在此基础上，4.4节分别从纯粹的静态能量角度探讨了能量和无功-电压的对应关系上，并通过仿真结果证明所提指标能反应系统无功变化和电压的变化；在4.4节基础上，4.5节进一步完善了电压脆弱性评估指标，同时探讨了不同系统运行条件下的电压脆弱区，在系统范围内给出电压脆弱性的定性结论。通过IEEE-30母线系统的仿真结果，可得以下结论：

（1）从能量的角度建立的电压脆弱性量化指标，对系统中与电压有关的无功参数以及网络拓扑结构变化都表现出敏感性，能够比较准确地反映影响系统电压稳定的各种扰动。

（2）从能量的角度来量化电压脆弱性，可在同一框架下定量判断不同无功成分对电压稳定的影响程度以及判断电压变化趋势，公正地评价系统中不同地点的无功成分的调节对维护系统电压安全所起的作用。

（3）较之通常的电压稳定性评估指标，本章所提指标在脆弱节点表现出明显特征，故更易凸现和筛选出脆弱节点，但指标一是完全基于能量所提炼，而指标二是基于通常的电压稳定性指标的物理意义和能量裕度的物理意义的综合，因此比指标一更具有理论优势。

（4）借助能量函数计算速度的优势，本章所提指标比通常的评估指标具有更快的速度，能较好地适应实际系统。

需注意的是，由于计算过程需要给定系统初值，评估结果的准确性易受系统初值的影响。所建指标是通过对多种系统运行方式下的指标计算来确定对应的脆弱区以及它们之间的联系，其评估结果依赖系统运行方式。

# 第五章 电力系统暂态稳定性分析的基本方法

## 5.1 电力系统稳定性定义及分类

随着电力系统的发展，新能源并网比例的不断增长，电源的多样化以及电力电子接口的大量接入，电力系统的动态过程呈现了多时间尺度、强非线性、强耦合性态势。电力系统的稳定问题也被赋予了新的变化机理。电力系统的稳定性已经不是仅仅涉及某设备或者某状态的单一问题，而是若干设备共同作用、多种状态相互交互乃至耦合的综合性问题，传统将电力系统稳定性问题视为单一状态进行分析的研究方法，已经不能适应新时期电力系统稳定性分析的需求。新的发展趋势下，对电力系统的稳定性问题进行重新地梳理和分类，有助于清楚明确地理解稳定性问题的内涵和外延，也有利于深入准确分析电力系统的主导失稳模式并提出有效的辨识方法。

国际大电网关于电力系统稳定性的分类，主要是基于可观察的系统运行状态的变化来划分的。比如在电力系统遭受大扰动或者小扰动以后的运行状态变化中，功角状态、频率状态和电压状态会变化，而这三类运行状态表面上看似乎也不存在明确的内在因果关系，因此把这三种状态的稳定性分离出来，分别进行研究，就是常规的功角稳定、频率稳定和电压稳定这三大稳定性问题，进一步根据扰动的强度，分为大干扰稳定和小干扰稳定，各自对应不同的分析方法，如图5-1所示。

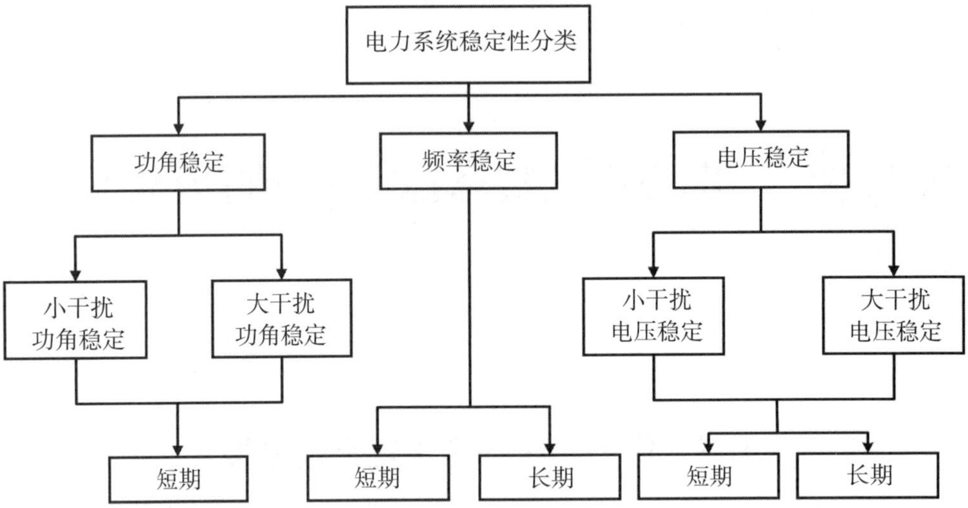


图5-1　电力系统稳定性分类

其中，功角稳定性是指同步发电机在受到干扰以后是否能够恢复到同步的能力。简单来说，功角稳定性是指电力系统中的发电机转子角度是否能够稳定地保持在某个值附近。功角稳定性是电力系统稳定性的一个重要方面，在电力系统中，发电机是重要的能源来源，但是由于各种原因，如突然的负荷波动、线路损坏等，可能会引起系统的不稳定，甚至出现黑启动。这时，功角稳定性就变得非常重要。在稳定运行状态下，故障或扰动会造成电磁和机械转矩之间的不平衡，由于惯性的存在导致发电机功角摇摆，表现在发电机的转子转速，就是加速或者减速。功角摇摆如果不能恢复到原始的或者新的稳定点，发电机转子角度不能稳定地保持在某个值附近，就会导致发电机失去同步，这就是功角失稳。为了保证功角稳定性，需要采取一些措施。首先，要保证系统有足够的备用容量；其次，要采取适当的控制措施，如调整发电机输出功率和调整系统负荷，使系统能够快速地恢复到稳态。此外，在电力系统运行中，还可以采用一些先进的控制技术，如FACTS和HVDC等，来提高系统的稳定性。总之，功角稳定性对系统的正常运行和稳定性具有至关重要的影响。通过采取适当的措施来保障功角稳定性，可以有效地避免系统不稳定和崩溃。

电压稳定性是指受到干扰的电力系统的各个节点的电压是否能够稳定地保持在一定范围内的能力。一般而言，电压稳定性取决于系统无功负荷和无功电源是否平衡。在电压稳定性能好的电力系统中，无功电源的出力是充裕的，能支撑几乎所有母线的无功需求。如果电力系统受到干扰，某些母线的电压会产生波动，如果母线电压下降过程中通过变压器调压以及无功补偿都不能恢复到稳定水平，大概率会导致电压失稳乃至崩溃，会对系统的正常运行造成影响，甚至可能导致设备损坏和停机。因此，电力系统中的电压稳定性需要得到充分的研究和保障。为了保证电压稳定性，需要采取一些措施。首先，要加强系统的调度和监控，及时发现电压不稳定的情况，并采取相应的控制措施，如调整发电机输出功率和调整系统负荷等。其次，在电力系统设计和建设中，应该考虑到电压稳定性，合理规划电网结构和容量，以保证系统的稳定性。此外，还可以利用STATCOM、SVC等柔性交流输电技术来提高电力系统的电压稳定性。在实际运行中，还需要对系统进行实时监测和控制。通过采用智能电网调度技术和自适应电力系统控制技术，可以提高电网的自适应性和可靠性，从而保证系统的电压稳定性。

频率稳定性是指在故障发生时，发电机发出的有功功率和负荷消耗的有功功率不匹配下频率能否保持稳定的能力。恢复频率稳定取决于系统能否维持或恢复系统发电和负荷需求之间平衡以及发电机和负荷的有功-频率静特性。电网的一次调频和二次调频的响应速度毕竟有限，当系统遭受故障时，持续振荡的频率容易引起线路跳闸。根据电力系统的安全规则，电网的运行频率总是工作在运行的上下限范围，此刻系统是频率稳定的。如果电力系统因故障或者调度原因导致较大的有功缺额，频率会急剧下降而不是在某范围上下波动，这是频率失稳。

维持频率稳定的措施包括：（1）电机控制：通过控制发电机的励磁和机械功率输出，调节发电机的电力输出，以保持电网频率稳定；（2）负荷控制：通过控制负荷的接入和退出，可以调节负荷和电力供应之间的平衡，以保持电网频率稳定；（3）调频控制：电网运行中，如果出现负荷失衡或其他故障，调频控制系统将对发电机进行调节，使其提供额外的电力输出，以维持电网频率的稳定；（4）频率响应计划：电力系统的各个发电厂和负荷点都应该制定频率响应计划，以响应电网频率变化，维持电网的稳定运行；（5）备用电源：在电力系统中，备用电源可以在发生故障或其他问题时提供电力输出，保持电网频率稳定，备用电源通常包括抽水蓄能发电机组和蓄电池等。

本书的重点是将电压稳定性和功角稳定性置于统一指标框架下进行研究，研究功角稳定性与电压稳定性演变特性与识别方法，主要目标是在相同的系统简化条件下建立两种失稳模式同时存在情况下的主导失稳模式判别方法。

# 5.2 电力系统暂态功角失稳基本原理及分析

在上一节中介绍了功角稳定性和电压稳定性的基本概念，并从电力系统稳定性定义及分类的角度进行了讨论。本节中，将重点分析和解释暂态功角稳定及失稳的基本原理。基于简单系统的模型，阐述暂态功角稳定的基本理论和分析方法，为构建暂态失稳识别方法奠定基础。

## 5.2.1 暂态功角稳定描述

在2001年，我国电网运行与控制标准化技术委员会发布了《电力系统安全稳定导则》，将功角稳定性分为三类：第一类是静态稳定，指遭受小扰动的电力系统能够自动恢复到初始运行状态，不会出现非周期性失步。第二类是暂态稳定，指遭受大扰动后的电力系统，各同步发电机能够保持同步运行，并过渡到新的或回到原来的稳态运行状态。第三类是动态稳定，指电力系统在受到小扰动或大扰动后，经过控制装置的调节，可以保持长时间的稳定运行。作为电网的关键设备，同步发电机对于维持电力系统的稳定性非常重要，而发电机的稳定性主要涉及功角稳定性。总之，某单台同步发电机的功角变化与整个系统暂态功角稳定性有密切的关联关系，分析单台发电机的功角变化是分析电力系统总体暂态功角稳定性的基础。图5-2展示了发电机功角随时间变化的关系。

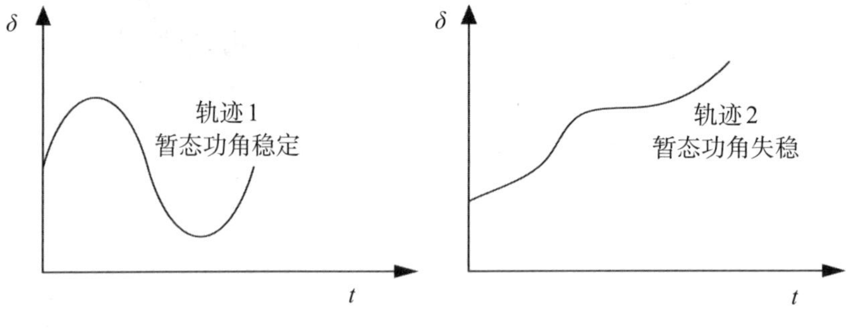


图5-2 发电机功角特性曲线：暂态稳定和失稳两种情况

根据功角稳定性的定义，判断暂态功角稳定或失稳的关键在于同步发电机受到扰动后是否能够恢复到同步状态。这一点可以通过观察发电机功角变化曲线来确定，即轨迹曲线能否在新的摇摆周期中稳定在新的平衡状态。如图5-2所示，轨迹曲线1表现为功角在新的平衡状态正常摆动直至幅度减小，并最终稳定在某一个运行点。而轨迹曲线2呈现为功角的非周期性发散，说明发电机暂态功角无法回到原有稳定点或达到新的稳定点。因此，根据同步发电机功角随时间的变化特性曲线可判断发电机功角稳定性。在多机系统中，各台发电机的功角变化特性都需要进行分析，并且不同发电机与平衡节点之间的功角差变化具有一些不同的关联特性。基于这些关联特性的差异性，可以辨识超前和滞后机群，作为进一步展开暂态稳定性分析和实施控制的依据。

### 5.2.2　单机无穷大系统的暂态功角稳定性分析

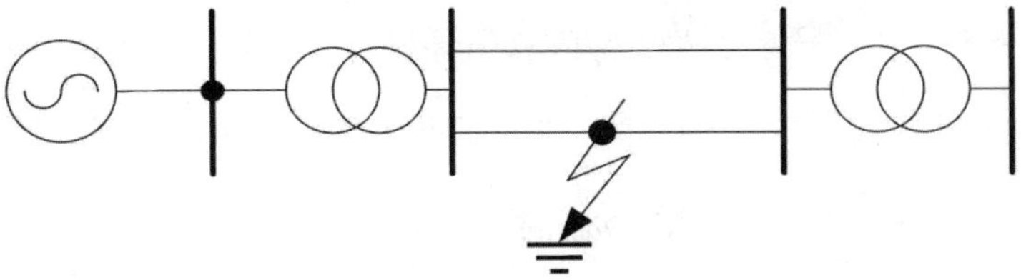

图5-3　单机无穷大系统结构

图5-3展示了单机无穷大系统的接线图。建立这个单机无穷大系统的发电机动态方程式为

$$\begin{cases}\dot{\delta}=\omega_0\Delta\omega \\ M\Delta\dot{\omega}=P_m-P_e-D\omega_0\Delta\omega\end{cases} \tag{5-1}$$

其中，$\omega_0=2\pi f_0$，$\omega_0$为发电机同步转速，$f_0$为系统频率；$\delta$为发电机功角；$P_e$：发电机电磁功率；$M$为发电机转动惯量；$P_m$为发电机机械功率；$D$为发电机阻尼系数。假设发电机内电势为$E'$，无穷大母线处电压为$U$，发电机与无穷大母线间之间等值电抗为$x_T$，则发电机发出的有功功率可表示为

$$P_e=\frac{E'U}{X_T}\sin\delta=P_{e\max}\sin\delta \tag{5-2}$$

其中，$P_{e\max}$表示有功功率最大值。在理想的单机无穷大系统中，发电机的有功功率与功角之间存在理想的正弦关系，如图5-4所示。

一般情况下，发电机输入机械功率$P_m$是恒定值。根据图5-4中，在0～90°区间，发电机的电磁功率$P_e$随着功角$\delta$增加而变大，当$\delta$到达90°时，电磁功率也达到最大值。当$\delta$大于90°，电磁功率会随着$\delta$的继续增加逐渐减小，直到$\delta$达到180°，此时发电机有功功率$P_e=0$。由电磁功率与功角之间的关系可知，发电机的输出功率在大于或者小于机械功率$P_m$，都会导致功角的暂态过程。

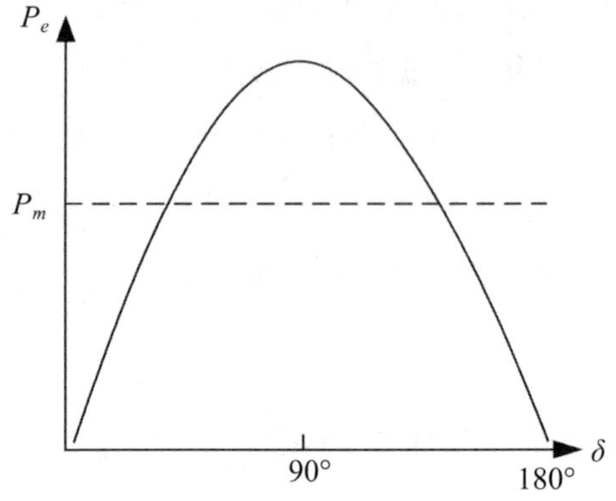


图5-4　发电机有功功率—功角关系曲线

将式（5-2）代入式（5-1）中，同时忽略阻尼的影响，可以得到

$$\begin{cases}\dot{\delta}=\omega_0\Delta\omega \\ M\Delta\dot{\omega}=P_m-P_{e\max}\sin\delta\end{cases} \tag{5-3}$$

以角速度变化量 $\Delta\omega$ 为纵坐标，以功角 $\delta$ 为横坐标，画出二维相空间平面上发电机转子运动轨迹曲线，如图5-5所示。

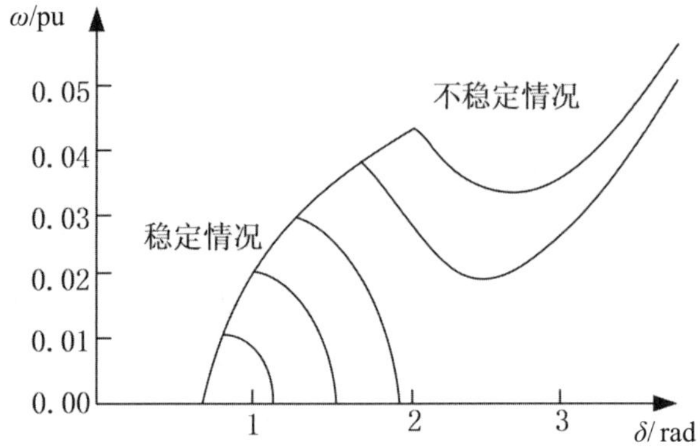


图5-5　发电机转子运动轨迹特性曲线

在上述相平面中，当角速度在一定范围内变化时，功角也随之变化。当系统处于暂态稳定状态时，转子的运动轨迹曲线会回摆，而当系统不能保持暂态稳定时，转子的运动轨迹则会呈现增长态势。因此，当发电机在稳定和不稳定的两种情况下，转子运行相轨迹曲线的发展趋势具有明显的差异，观察转子相轨迹的变化可以判断发电机功角的暂态稳定性。

# 5.3　电力系统暂态电压失稳原理及分析

电压稳定性是指电力系统在遭受扰动后，能否保持某些关键母线的电压在允许的范围内。当电力系统出现故障或扰动等情况进入暂态过程时，通常会出现三种情况：（1）关键母线电压在暂态过程中能够稳定；（2）关键母线电压下降到正常范围以下，但仍高于临界点；（3）关键母线电压下降到低于临界点，并以极快的速度下降到零。情况（2）和（3）都属于电压失稳的情况，而情况（3）则被称为电压崩溃，这是一种紧急状态，需要立即采取措施进行控制，否则整个电网的电压将如滚雪球一样大面积下降，从而导致严重的停电事故。

## 5.3.1　有功—电压关系

研究电压的稳定性，实质是分析和识别影响电压稳定性的主要因素并揭示电压失稳的发展机理。影响电压稳定性的因素比较多，从电压的数学表征模型或者从仿真过程的分析，都可以得出一些有用的结论。本节通过建立简单纯电阻电路，研究电路中各变化量与电压稳定性的关系，从而揭示影响电压稳定性的关键因素。本节将基于图5-6所示的简单电路进行有功功率与电压关系的分析。

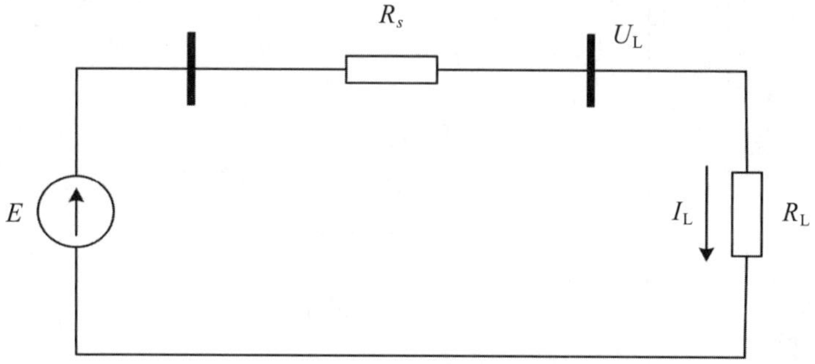


图5-6　简单电路原理图

对图5-6所示电路进行功率消耗的计算，得到如下表达式

$$\begin{cases} P_{L\max}=E^2/(4R_S), & \text{其中}R_S=R_L \\ U_{Lcr}=E/2 \end{cases} \tag{5-4}$$

假设电阻 $R_L$ 是可调节的，则有

$$\begin{cases} I_L=E/(R_S+R_L) \\ U_L=ER_L/(R_S+R_L) \\ P_L=I_LU_L \end{cases} \tag{5-5}$$

随着负荷电阻 $R_L$ 的变化，电源向负荷提供的有功、电流和电压也随之发生变

化，对应的变化关系如图5-7所示。当 $R_L=R_S$ 时，有功功率输出最大，即 $P_L=P_{max}$。关于电路中有功功率与电压的关联关系曲线如图5-8所示。在 $P-u$ 曲线上，$P_0$ 是电网稳定性运行过程中存在的电压平衡点，也是符合电压运行要求的点。根据图5-7和图5-8，在 $P-u$ 曲线的上半部分，系统处于高电压、低电流的状态，这是电压期望运行的理想电压点，在这部分，网损小，输电效率高。在负荷 $R_L$ 增大过程中，负荷点电压随之增大，负荷消耗的有功功率减小；随着负荷 $R_L$ 的减小，电压增大，负荷消耗的有功功率增大，电压经过适当调节最终稳定在平衡点。

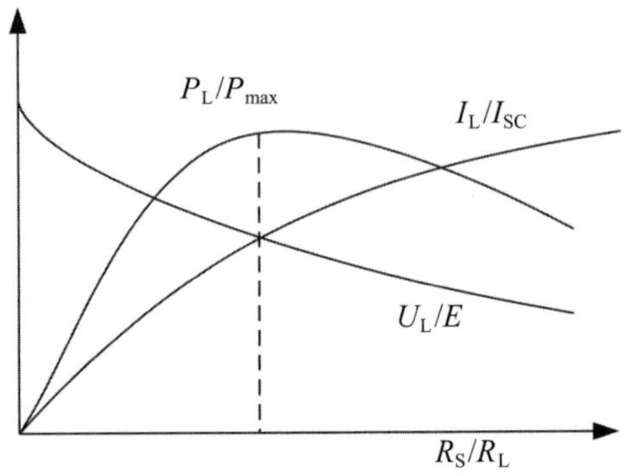


图5-7　系统各参数随负荷变化关系

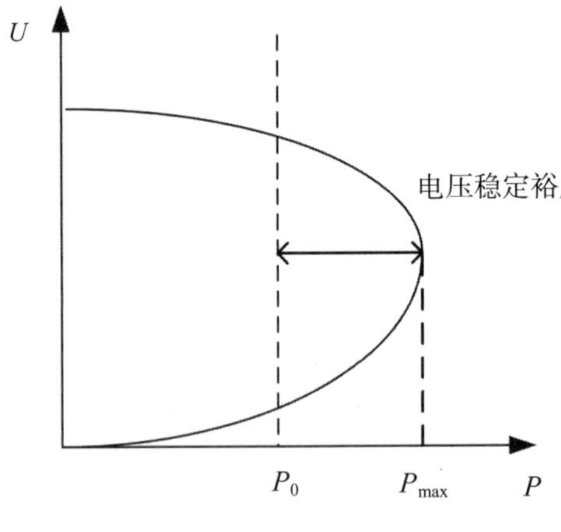


图5-8　系统有功功率与电压的关系曲线

值得注意的是，在有功功率达到最大值以后，电压运行到 $P\text{-}u$ 曲线的下半部，下半部是电压面临失稳风险增大的部分，此刻靠电网的自我恢复很难回到稳定部分，需要进行切负荷等紧急控制措施。图5-8清晰表示了负荷消耗的有功功率与电压变化的关系，正常情况下，电网电压一般运行在 $P_{max}$ 的上半部分，电压失稳的情况也可能会因为各自故障而发生，但是崩溃的概率很低。通常，电压稳定裕度可以由平衡点有功功率和有功最大值之间的差值来表征。

基于有功功率和电压之间关系的*P-u*曲线进行分析，电压崩溃的根本原因是平衡点的消失。该平衡点是负荷侧有功电压曲线和电源侧有功电压曲线之间的交点，当电网在受到大的扰动时，网络的电气特性和负荷有功电压特性均会在极短时间尺度发生急剧变化，这种急剧变化往往导致短时间网络特性无法匹配负荷的有功需求，电源有功电压特性与负荷的有功电压特性没有交点，从而导致系统暂态电压失稳。

### 5.3.2　考虑无功功率影响的暂态电压失稳机理

根据上一节的分析，有功功率是电压稳定的一个重要因素。然而，上一节使用的模型非常理想化，仅考虑了有功功率对电压的影响，与实际电网的特性相差甚远。其实无功功率也是影响电压稳定的关键因素。为了更全面地考虑电力系统暂态电压稳定的关键影响因素，本节基于等值后的输电系统模型进行研究，探讨了无功功率传输与电压稳定性的关系。为了符合“模型简单，机理清晰”的原则，首先对输电系统进行了简化处理，并进行了戴维南等值，如图5-9所示。

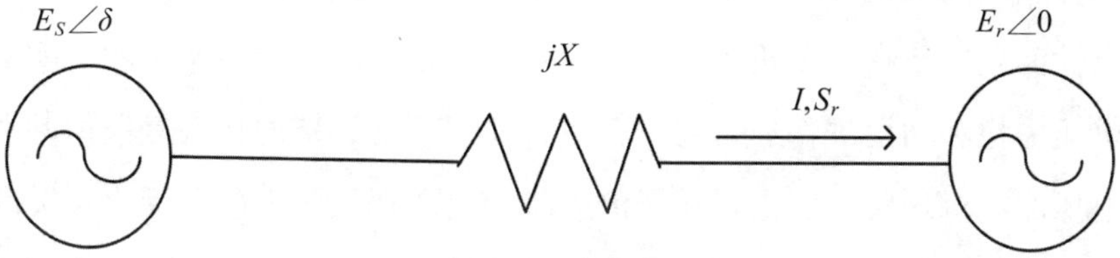


图5-9　输电系统戴维南等值模型

图5-9形成了一个简单的送受端系统，假设送受端电动势保持恒定，送受端之间的线路等值为一个电抗$X$，则到达受端的有功和无功功率表达式为

$$\begin{cases} P_r = \dfrac{E_s E_r}{X}\sin\delta = P_{\max}\sin\delta \\ Q_r = \dfrac{E_s E_r\cos\delta - E_r^{\,2}}{X} \end{cases} \tag{5-6}$$

同理，得到送端发出的有功和无功功率关系表达式为

$$\begin{cases} P_s = \dfrac{E_s E_r}{X}\sin\delta = P_{\max}\sin\delta \\ Q_s = \dfrac{E_s^{\,2} - E_s E_r\cos\delta}{X} \end{cases} \tag{5-7}$$

式（5-6）和式（5-7）都是考虑输电线路在没有损耗的情况下，此时$P_s = P_r$，在功角$\delta$为90度的时候出现线路的最大传输功率。正常情况下功角都小于30度，此时可近似假定$\sin\delta = \delta$，得到线性化后的有功功率表达式为

$$P \cong P_{\max}\delta \tag{5-8}$$

$\delta$ 虽然是功角，实际也是送受端电压的相位差，因此式（5-8）表明有功传输主要与送受两端电压相角差 $\delta$ 有关。当相角差很小的时候，还可以近似 $\cos\delta \cong 1$，则送受端无功功率的表达式为

$$\begin{cases} Q_r = \dfrac{E_r(E_s - E_r)}{X} \\ Q_s = \dfrac{E_s(E_s - E_r)}{X} \end{cases} \tag{5-9}$$

根据公式（5-9），无功功率传输的关键因素是送受端之间电压幅值差的大小。当电压幅值差越大时，传输的无功越多，而电压的稳定性与电网的无功充裕有关。因此，在发生紧急情况时，电压突然下降会导致无功传输不足，一些母线电压面临无功短缺，电压将急剧下降。因此，母线电压的稳定与否与系统的无功支撑能力存在重要联系。

总之，根据上述分析，可以得出影响功角稳定和电压稳定的关键因素。通过简化模型的分析，可以总结为两种情况：(1) 功角失稳主要存在单机无穷大系统中，电压稳定性问题主要存在单机单负荷系统中。但是，在经历暂态过程的实际电力系统中，电压失稳和功角失稳通常同时存在，相互耦合，情况比较复杂但并非不可分析。从电压崩溃机理看，发电机转子的失步与电压崩溃的发生并无直接关联，但是发电机转子失步可能会引发机端电压降低并持续低于正常范围。(2) 电压失稳会引起负载损失或保护跳闸，会进一步引起相关发电机失去同步，这是由于电压失稳引发的发电机功角失稳。具体来说，在发电机附近的线路发生故障并且当无功支撑的情况下，会发生电压持续下降的情况。在故障排除后，电压如果没能提升到正常水平，发电机有功发出能力受限，发电机的机械功率大于电磁功率，导致转子加速运行，如果这种情况持续，最终功角失稳。该情形下，因故障导致电压降低最终导致功角失稳，但是电压失稳是主导的失稳模式，功角失稳是电压失稳导致的后果。

电力系统的电压稳定性受输电网络特性、受端负荷特性、发电机的功角稳定性和发电机励磁调节能力等因素影响。因此，为了准确识别主导失稳模式，需要综合研究暂态功角失稳与暂态电压失稳的耦合特征，建立能够将功角和电压两个具有耦合特征的状态量结合起来的仿真模型，并找到表征整个系统变化特征的状态量。本书旨在全面分析整个系统运行机理，并建立判别指标，从而更好地适应真实的电力系统。

本节在全面分析系统运行机理的基础上，找到体现系统变化特征的关键状态量，同时建立关联功角和电压关系的仿真模型，将整个系统的功角和电压两个具有耦合特征的状态量真正结合起来，建立能够准确识别主导失稳模式的判别指标。

## 5.4　暂态能量函数模型分析

根据前两节所讨论的功角失稳和电压失稳的原理，得出结论：电力系统是综合系统，包括发电、输电、配电和用电等环节，缺一不可。功角稳定性和电压稳定性的影响因素多种多样，不仅仅取决于发电机或负载特性，而是由多种因素共同作用的结果。然而，由于电力系统是因果系统，总会存在一个起主导作用的影响因素，需要研究兼容这两种稳定问题的理论和方法，通过定性甚至定量的方式来研究暂态过程失稳的主导模式，为控制提供坚实的理论支持。通过调研和分析，发现暂态能量函数模型包含动能项、势能项和与无功、电压相关的势能项，能够满足“在同一框架下兼容这两种稳定问题”的要求。因此，在本书中引入了暂态能量函数模型，并对其进行深入研究，建立了判别主导失稳模式的方法。一般情况下，电力系统的暂态能量关系可以表示为

$$E=E_k+E_p \tag{5-10}$$

其中，$E$ 表示系统总的暂态能量；$E_k$ 表示系统的暂态总动能；$E_p$ 表示系统的暂态总势能。下面通过推导单机无穷大的暂态能量函数模型，然后扩展到多机电力系统暂态能量函数模型的构建。

（1）单机无穷大系统

单机无穷大系统的转子运动方程可以表示为如下的微分方程组

$$\begin{cases}\dfrac{\mathrm{d}^2\delta}{\mathrm{d}^2t}=\omega \\ M\dfrac{\mathrm{d}^2\delta}{\mathrm{d}t^2}=P_m-P_e\end{cases} \tag{5-11}$$

假设在0 s时，有三相短路故障发生在电力系统的某段线路上，该故障在 $t_c$ 时刻被切除。此时，从故障切除时刻 $\delta_c$ 开始，到故障切除后系统某时刻 $\delta$ 这段区间，对式（5-11）的第二式进行分部积分，可以得到以下等式

$$\int_{\delta_c}^{\delta}M\frac{\mathrm{d}^2\delta}{\mathrm{d}t^2}\mathrm{d}\delta=\int_{\delta_c}^{\delta}(P_m-P_e)\mathrm{d}\delta \tag{5-12}$$

将式（5-12）代入式（5-11）的第一式中，整理后可以得到以下等式

$$\frac{1}{2}M\omega^2+\int_{\delta_s}^{\delta}(P_e-P_m)\mathrm{d}\delta=\frac{1}{2}M\omega^2(t_c)+\int_{\delta_s}^{\delta_c}(P_e-P_m)\mathrm{d}\delta \tag{5-13}$$

根据式（5-13），可以发现系统的暂态总能量在故障清除前后保持恒定，其中以故障清除时刻的暂态能量值为基准。因此，对于式中的符号，$\delta$ 表示故障清除后在某时刻的发电机转子角，$\delta_c$ 表示故障清除时刻的发电机转子角，$\delta_s$ 表示系统在故障清除后到达新的稳态平衡点时的发电机转子角。根据上述等式关系，可以得出故障清除后任意时刻系统的总能量表达式

$$E=E_k+E_p=\frac{1}{2}M\omega^2(t)+\int_{\delta_s}^{\delta}(P_e-P_m)\mathrm{d}\delta \tag{5-14}$$

式（5-14）为单机无穷大系统的暂态能量函数模型，该模型表明暂态动能与发电机转子惯性常数及转速有关，而暂态势能与发电机机械功率和电磁功率的差值沿着功角轨迹的积分有关，包括所有加速和减速面积，最终反映在发电机转子运动轨迹上。

（2）多机系统的暂态能量函数模型

对于具有 $m$ 台发电机的多机电力系统，发电机采用经典二阶模型，负荷采用恒阻抗模型，在惯性中心坐标系下，可以描述发电机转子运动方程。因此，多机系统的暂态能量函数模型可以通过单机无穷大系统的模型进行扩展，包括每个发电机的暂态能量函数之和，同时考虑交叉耦合项。该模型可以描述系统中所有发电机的暂态能量变化，并且体现了系统中不同发电机之间的相互作用。

$$\begin{cases}\dfrac{\mathrm{d}\delta_i}{\mathrm{d}t}=\omega_i\\ M_i\dfrac{\mathrm{d}^2\delta}{\mathrm{d}t^2}=P_{mi}-P_{ei}-\dfrac{M_i}{M_T}P_{COA}\end{cases} \tag{5-15}$$

其中，$\omega_i$ 和 $\delta_i$ 分别为第 $i$ 台发电机以惯性中心为参考的转子转速和功角；$M_i$ 为第 $i$ 台发电机的惯性常数；$P_{mi}$、$P_{ei}$ 和 $P_{COA}$ 分别为第 $i$ 台发电机的机械功率、有功功率以及惯性中心的加速功率，这些参数还满足以下代数关系：

$$\begin{cases}P_{ei}=E_i^2G_{ii}+\sum\limits_{\substack{j=1\\ j\neq i}}^{n}(E_iE_jB_{ij}\sin\delta_{ij}+E_iE_jG_{ij}\cos\delta_{ij})\\ M_T=\sum\limits_{i=1}^{n}M_i\\ P_{COA}=\sum\limits_{i=1}^{n}(P_{mi}-P_{ei})\end{cases} \tag{5-16}$$

其中，$E_i$ 为发电机 $i$ 的内电势；$G_{ij}$、$B_{ij}$ 为发电机 $i$、$j$ 之间的电导和电纳；$\delta_{ij}$

为发电机 $i$ 、 $j$ 之间的功角差。从0 s时发生故障到 $t_c$ 时刻故障清除的这一段时间内，对多机系统动态方程式（5-15）进行积分，得到多机系统的暂态能量表达式

$$E=E_k+E_p=\frac{1}{2}\sum_{i=1}^{n}M_i\omega_i^{\ 2}+\sum_{i=1}^{n}\int_{\delta_i^s}^{\delta_i}(P_{ei}-P_{mi})\mathrm{d}\delta_i \tag{5-17}$$

式（5-17）表示从单机无穷大系统扩展到多机系统的暂态能量函数模型。该模型指出，忽略阻尼情况下，故障清除时刻的暂态能量等于故障清除后的系统暂态总能量，也就是能量守恒。在能量守恒的前提下主要研究暂态到稳态的过程中动能和势能的相互转化。如果动能能够完全转化为势能，说明系统具有吸收故障注入的扰动能量的能力，从而是稳定的。如果故障注入的动能无法全部转化为势能，则系统会失稳。因此，基于能量函数模型，可以定性地评估经历故障的系统的暂态稳定性。在后面的研究，将对二阶模型进行扩展，探讨如何构建保持网络结构的多机系统的暂态能量函数模型。

## 5.5 本章小结

本章首先从电力系统稳定性的定义和分类出发，分析了电力系统在暂态过程中功角稳定和电压稳定的演变机理。针对暂态功角稳定问题，主要通过单机无穷大系统进行了原理的阐述和解释。对于暂态电压稳定性问题，研究了电压稳定性与有功和无功之间的关系。同时，通过阐明暂态功角稳定和暂态电压稳定的耦合关系，进一步强调了需要将功角稳定性和电压稳定性视为一个整体进行综合研究，不能将它们孤立开展研究。此外从全局的角度，选择暂态能量函数方法作为切入点，介绍了单机无穷大系统和多机系统的暂态能量函数模型，为进一步提出有效的暂态功角失稳和暂态电压失稳的识别方法奠定了理论基础。

# 第六章 基于暂态能量关系的电力系统暂态失稳识别方法

电力系统暂态功角稳定与暂态电压稳定性研究目前存在的根本问题是传统暂态稳定分析方法对功角稳定性和电压稳定性从系统运行机理上完全割裂进行分析，无法兼顾暂态电压失稳与暂态功角失稳的耦合性，造成传统方法对于新型电力系统的暂态稳定性的适应性较差，而一些看似有效的暂态稳定性主导失稳模式识别方法又因为过于简单的模型等值无法真实再现系统的运行机理，更无法在复杂电力系统中进行有效性验证和应用。

本章基于前面建立的暂态能量函数模型进行暂态稳定性分析，基于暂态能量函数模型，提出了基于能量灵敏度指标的暂态失稳模式的主导识别方法，实质是基于对网络结构保持模型进行推导，获取体现网络状态特征的暂态能量关系函数。该关系函数的关键特征在于借助暂态能量来体现电压和功角的耦合关系，基于数学方法对关系函数进行处理，建立了主导失稳模式识别指标。所建的指标除了能准确地识别主导暂态失稳模式，还较为合理体现了暂态能量框架下的网络结构和电气量的影响，在复杂电力系统中也得到了有效的识别结果。

## 6.1 基于网络结构保持模型的暂态能量函数模型

自从能量函数法开始应用于电力系统暂态稳定性研究领域后，研究的重心就放在了暂态能量函数模型的建立和改进上，具有网络结构保持能力的暂态能量函数模型，因其结合了更多的电网状态而得到了持续性研究，到目前依然受到稳定性领域研究者的青睐，有着较为广泛的扩展和应用前景。前面章节所建立的单机无穷大系统暂态能量函数模型和多机系统的暂态能量函数模型，为本章应用暂态能量函数法进行暂态稳定性研究奠定了理论基础。本节主要基于网络结构保持模型的暂态能量函数，对其具体的模型构建和应用进行分析。

根据基尔霍夫电流定律，对于有 $n$ 条母线、$m$ 台发电机的多机电力系统，构建其母线电流方程为

$$Y_B U_B - I_G + I_L = 0 \tag{6-1}$$

其中，$Y_B$、$U_B$、$I_G$ 和 $I_L$ 分别为系统导纳矩阵、母线电压、发电机注入母线的电流相量和负荷电流，除 $Y_B$ 为 $n$ 阶方阵外，其余均为 $n$ 维列向量。对电压和电流相量进行复数线积分后，获得系统的能量函数表达式

$$E = \int \mathrm{Im}\left[(Y_B U_B - I_G + I_L)^*\right]^T \mathrm{d}U_B \tag{6-2}$$

电力系统的结构根据各自的功能可以分为发电、输电、配电、负荷等，根据上述功能把能量函数模型进一步分解为网络能量、发电机能量和负荷能量，并将三部分能量组合起来，得到完整的暂态能量函数表达式

$$E = \int \mathrm{Im}\left[\sum_{i=1}^{n}\left(\sum_{j=1}^{n} Y_{ij}^{\ *} U_{ij}^{\ *}\right)\mathrm{d}U_i - \sum_{i\in i_G} I_{Gi}^* \mathrm{d}U_i + \sum_{i\in i_L} I_{Li}^* \mathrm{d}U_i\right] \tag{6-3}$$

其中，$n$ 表示系统母线数；$i_G$ 表示发电机机端电流；$i_L$ 表示负荷母线电流，且满足 $U_i = U_i \mathrm{e}^{j\theta_i}$，$\mathrm{d}U_i = \mathrm{e}^{j\theta_i}\mathrm{d}U_i + jU_i\mathrm{e}^{j\theta_i}\mathrm{d}\theta_i$。

根据式（6-3），从电网初始运行点 $(U_0, \theta_0)$ 开始，对发电机的运行轨迹进行积分，从而得到发电机暂态能量 $E_{gen}$ 如式（6-4）所示，输电网络暂态势能 $E_{net}$ 如式（6-5）所示，静态负荷模型下的负荷母线势能 $E_{load}$，如式（6-6）所示。

$$E_{gen} = \int \mathrm{Im}\left(\sum_{i\in i_G} I_{Gi}^* \mathrm{d}U_i\right) = \left(\frac{1}{2}M_i\omega_i^{\ 2} - P_{mi}\delta_i\right)\Big|_{x_0}^{x} + \int D_i\omega_i^{\ 2}\mathrm{d}t \tag{6-4}$$

$$E_{net} = \int \mathrm{Im}\left[\sum_{i=1}^{n}\left(\sum_{j=1}^{n} Y_{ij}^{\ *} U_{ij}^{\ *}\right)\mathrm{d}U_i\right] = \left(-\frac{1}{2}\sum_{i=1}^{n} B_{ii}U_i^2 - \sum_{i=1}^{n-1}\sum_{j=i+1}^{n} B_{ij}U_iU_j\cos\theta_{ij}\right)\Bigg|_{(U_0,\theta_0)}^{(U,\theta)} \tag{6-5}$$

$$E_{load} = \int \mathrm{Im}\left(\sum_{i\in i_L} I_{Li}^* \mathrm{d}U_i\right) = Q_{Li}\ln U_i\Big|_{U_0}^{U} + P_{Li}\theta_i\Big|_{\theta_0}^{\theta} \tag{6-6}$$

忽略阻尼的影响，把三部分叠加起来，获得电力系统整体的暂态能量函数 $E_{tran}$，表达式为：

$$\begin{aligned} E_{\mathrm{tr}an} &= \int \mathrm{Im}\left[\sum_{i=1}^{n}\left(\sum_{j=1}^{n} Y_{ij}^{\ *} U_{ij}^{\ *}\right)\mathrm{d}U_i + \sum_{i\in i_G} I_{Gi}^* \mathrm{d}U_i + \sum_{i\in i_L} I_{Li}^* \mathrm{d}U_i\right] \\ &= \left(\frac{1}{2}M_i\omega_i^{\ 2} - P_{mi}\delta_i\right)\Big|_{x_0}^{x} + \left(-\frac{1}{2}\sum_{i=1}^{n} B_{ii}U_i^2 - \sum_{i=1}^{n-1}\sum_{j=i+1}^{n} B_{ij}U_iU_j\cos\theta_{ij}\right)\Bigg|_{(U_0,\theta_0)}^{(U,\theta)} \\ &\quad + P_{Li}\theta_i\Big|_{\theta_0}^{\theta} + Q_{Li}\ln U_i\Big|_{U_0}^{U} \end{aligned} \tag{6-7}$$

## 6.2 暂态能量关系函数构建

基于上一节所介绍的基于网络结构保持的暂态能量函数模型可知，该模型由于保持了电网的结构，因而能够较为完整体现暂态过程电网各部分的能量变化和转移。各部分的结构特性和主要影响因素的差异导致每一部分的能量表达式也并不相同。基于这样的能量差异性，本节将把电力网络分为主要的三个部分，包括发电机部分、网络部分和负荷部分来分别讨论和研究各部分的能量与电压、功角的关联变化，从而构建出暂态能量关系函数，包括暂态功角关系函数，表示暂态能量—功角的关系；暂态电压关系函数，表示暂态能量—电压的关系。

### 6.2.1 基于暂态能量的功角关系函数构建

从式（6-7）可知，从简化的角度，暂态能量函数包括了网络势能、发电机动能和负荷势能，网络势能对应的是网架结构的耗散能。根据各部分的暂态能量表达式，对发电机功角求偏导，得到暂态能量—功角的变化关系。

（1）发电机部分暂态能量-功角的变化关系

忽略阻尼的影响，发电机部分的暂态能量函数表达为

$$E_{gen}=\int \mathrm{Im}\left(\sum_{i\in i_G} I_{Gi}^{*}\mathrm{d}U_i\right)=\left(\frac{1}{2}M_i\omega_i^{\ 2}-P_{mi}\delta_i\right)\Bigg|_{x_0}^{x} \tag{6-8}$$

在式（6-8）中，$M_i$ 是第 $i$ 台发电机的惯性时间常数；$\omega_i$ 为第 $i$ 台发电机的转速；$P_{mi}$ 为第 $i$ 台发电机的机械功率；$\delta_i$ 为第 $i$ 台发电机的功角。

发电机的暂态能量与功角变化密切相关，基于发电机部分暂态能量与功角的变化关系，能够找到发电机的暂态能量对功角变化的灵敏性。这里推导了发电机暂态能量对各发电机功角的偏导数，得到如下关系式：

$$\frac{\partial E_{gen}}{\partial \delta_i}=M_i\frac{\mathrm{d}\omega}{\mathrm{d}t}-P_{mi} \tag{6-9}$$

（2）输电网络部分的暂态能量—功角的关系

对于输电网络部分，假设等值阻抗为纯电感，得到表达式如下

$$E_{net}=\int \mathrm{Im}\left[\sum_{i=1}^{n}\left(\sum_{j=1}^{n}Y_{ij}^{\ *}U_{ij}^{\ *}\right)\mathrm{d}U_i\right]=\left(-\frac{1}{2}\sum_{i=1}^{n}B_{ii}U_i^2-\sum_{i=1}^{n-1}\sum_{j=i+1}^{n}B_{ij}U_iU_j\cos\theta_{ij}\right)\Bigg|_{(U_0,\theta_0)}^{(U,\theta)} \tag{6-10}$$

式（6-10）中，$Y_{ij}$ 表示母线 $i$ 、$j$ 之间的导纳；$U_{ij}$ 表示母线 $i$ 、$j$ 之间的电压；$B_{ij}$

为系统导纳矩阵中的转移电纳，且满足 $B_{ij}=B_{ji}$； $\theta_{ij}$ 为母线 $i$ 、 $j$ 之间电压相角差，当母线连接发电机时，表示发电机之间的功角差。

将输电网络部分的暂态能量对发电机功角求偏微分，可得输电网络暂态能量对发电机功角的灵敏性，体现了发电机功角的暂态与整个输电网络部分的暂态交互。发电机功角的变化与电压相位的变化息息相关，但是与电压相位差没有关系。因此，可以得到关系式为

$$\frac{\partial E_{net}}{\partial \delta_i}=0 \tag{6-11}$$

（3） 负荷部分的暂态能量—功角关系

负荷部分的暂态能量模型单独可以表达为

$$E_{load}=\sum\int \mathrm{Im}\left(\sum_{i\in i_L} I_{Li}^{*}\mathrm{d}U_i\right)=\sum_i Q_{Li}\ln U_i\Big|_{U_0}^{U}+\sum_i P_{Li}\theta_i\Big|_{\theta_0}^{\theta} \tag{6-12}$$

式（6-12）中， $Q_{Li}$ 为负荷母线 $i$ 的无功功率部分； $P_{Li}$ 为负荷母线 $i$ 的有功功率部分； $\theta_i$ 是负荷母线 $i$ 的电压相角。

功角实质表征了发电机电动势相位与机端电压相位的差值，发电机功角的变化会影响电网中电压相角的变化。根据式（6-12）进一步得到负荷部分的暂态能量与发电机功角的变化关系式如下

$$\frac{\partial E_{load}}{\partial \delta_i}=\sum_i P_{Li} \tag{6-13}$$

综上所述，通过研究系统各部分暂态能量相对于发电机功角的变化关系，得到系统暂态能量—功角变化关系式为

$$\frac{\partial E_{\mathrm{tr}\,an}}{\partial \delta_i}=-P_{mi}+\sum_i P_{Li} \tag{6-14}$$

由式（6-14）可知，暂态能量函数对某台发电机功角的变化率取决于该台发电机机械功率与承担的负荷的差值。特别需要注意的是式（6-14）中所示的负荷的叠加 $\sum_i P_{Li}$ 是该台发电机承担的负荷总量。考虑到偏导数的值是绝对值小于1的值，而此刻得出的暂态能量对功角的偏导是可能大于或者小于1的值，将系统暂态能量关于功角的变化定义为暂态能量功角关系函数，以 $\varepsilon\delta_i$ 表示为

$$\varepsilon\delta_i=-P_{mi}+\sum_i P_{Li} \tag{6-15}$$

式（6-15）是系统的暂态能量-发电机功角变化关系，清楚地表达了暂态过程中影响暂态能量变化和发电机功角变化的关键因素。因此，合理应用暂态能量功角关系函数，可为主导失稳模式的识别和控制的实施提供新的思路。

### 6.2.2 暂态能量—电压关系函数

本节将进一步探讨系统的暂态能量与母线电压变化的关联关系。通过将系统暂态能量函数对各母线电压求偏导，母线电压对应的负荷无功功率也是影响暂态能量变化的重要因素，由此得到相应的暂态能量—电压关系为

$$\frac{\partial E_{\mathrm{tr}\,an}}{\partial U_i}=-B_{ii}U_i-\sum_{\substack{j=1\\ j\neq i}}^{n}B_{ij}U_j\cos\theta_{ij}+\frac{Q_{Li}}{U_i} \tag{6-16}$$

其中，$\cos\theta_{ij}=\cos\theta_{ji}$。

以 $\varepsilon U_i$ 表示系统暂态能量相对于各母线电压的关系，该关系被定义为暂态能量—电压关系函数，则可得如下关系式

$$\varepsilon U_i=-B_{ii}U_i-\sum_{\substack{j=1\\ j\neq i}}^{n}B_{ij}U_j\cos\theta_{ij}+\frac{Q_{Li}}{U_i} \tag{6-17}$$

式（6-17）表征了系统总的暂态能量随各母线电压的变化特性。这种以暂态能量表现来表现电压变化的表达式，可以直观反映暂态过程中系统各部分的暂态能量变化对于母线电压的影响。因此，暂态能量—电压关系函数能够识别主导失稳模式。

## 6.3 基于暂态能量关系函数的失稳模式辨识指标

### 6.3.1 平均值函数

电力系统的电压失稳、功角失稳与系统的暂态能量的变化关联是值得深入探讨的问题。上一节的内容阐述了基于网络结构保持模型的暂态能量函数构建方法，并推导了暂态功角关系函数和暂态电压关系函数，可以有效描述整个系统暂态过程中功角和电压变化对能量变化的影响特性。在本节中，将展开对这些暂态能量关系函数的进一步研究和处理，得到有效识别暂态失稳模式的指标。暂态功角关系函数主要反映系统的功角失稳情况，主要影响因素包括发电机机械功率变化、网络电气量变化和负荷有功功率变化。而暂态电压关系函数则主要用于反映系统的电压失稳情况，其主要影响因素为网络电气量变化和负载无功功率的变化。

暂态能量关系函数在相位空间的几何表征如图6-1所示。该函数的表达式是分别对应于功角和电压的偏导数，实质是将功角和电压分别投影在不同的轴，反映暂态能量变化轨迹沿不同轴方向的变化大小。在相空间，可以划出平分相空间的45°方向

分界线，通过该分界线将暂态能量变化轨迹关于功角和电压方向的明显发展趋势区分开来。通过比较和分析这两种变化率的大小，可以识别暂态过程中主导失稳状态的情况。

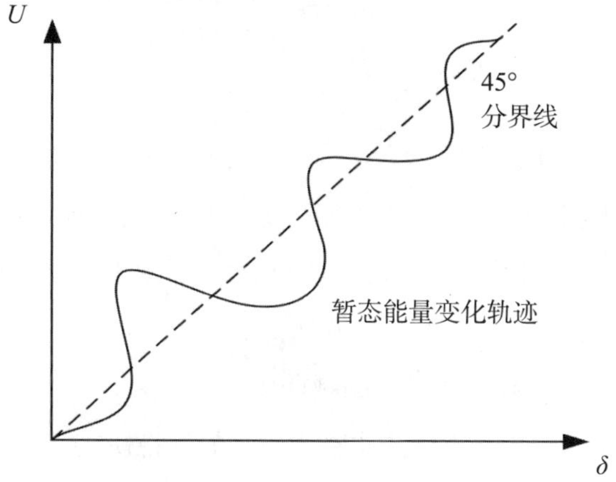


图6-1　暂态能量关系函数的数学意义

在实际的多机系统中，节点数包括 $m$ 条发电机母线，一共 $n$ 条母线。由于不同母线的参数不同，因此，要直接确定电力系统中暂态能量对两种失稳因素的变化率大小，仅靠比较两个暂态能量关系函数是无法完成的。为解决这个问题，引入了基于数学期望的平均值来处理这两个函数，建立暂态功角和暂态电压关系函数在发电机或母线数量下的平均值函数，可以得到更精确的结果。所构建的平均值函数表达如下

$$M_\delta = \sum_{i \in i_G} \Phi\delta_i / m \tag{6-18}$$

$$M_U = \sum_{i=1}^{n} \Phi U_i / n \tag{6-19}$$

基于多机系统的网络结构分析可以确定母线负荷母线数量和发电机母线数量。由于两种暂态能量关系函数存在量纲上的差异和维度上的差异，平均化处理的目的是平衡两种暂态能量关系函数的差异，以便在统一框架下更加公正地比较二者对暂态能量变化的贡献。

### 6.3.2　暂态失稳状态识别指标构建

电力系统暂态主导失稳模式的识别，必须要通过指标构建，将两种暂态失稳模式的耦合特性整合起来，同时体现两者的差异性，以便进行识别和比较。在平均值

处理过程中，为使得它们可以在统一框架下进行比较，消除了不必要的差异，同时增加了两种暂态能量关系函数之间的可比性。基于（6-18）、（6-19）所建的灵敏度函数指标，进一步对这两个平均值关系进行归一化处理，得到新的灵敏度函数指标$S$如下

$$S=\frac{|M_\delta|}{|M_\delta|+|M_U|}-0.5 \tag{6-20}$$

在式（6-20）中，归一化处理实际上是对经过均值处理的暂态功角关系函数和暂态电压关系轨迹进行相空间移动和幅值收缩，通过归一化处理后指标的范围被限定在[0，1]之间，中心分界线此时为$S=0.5$。因此，为了便于直观识别，灵敏度指标减去0.5，从而将分界线由$S=0.5$移动到$S=0$处。

概括之，识别系统主导失稳模式的判据如下：

①当$S<0$时，系统经历暂态电压失稳为主导的失稳模式。

②当$S>0$时，系统经历暂态功角失稳为主导的失稳模式。

③当$S=0$时，系统处于两种失稳模式的临界状态，无法识别系统的主导失稳状态，需要结合两种失稳状态的轨迹展开进一步判断，确定最终的主导失稳模式。

## 6.4 基于暂态能量关系函数的暂态失稳状态识别流程

通过观察暂态过程中灵敏度函数指标$S$的数值，可以判断是功角关系函数还是电压关系函数发挥了主导作用。若灵敏度函数指标大于0，则可以确定主导失稳状态，并可根据它们之间的关系进行识别。具体的流程如图6-2所示。

电力系统主导暂态失稳状态识别的流程基于暂态能量关系函数，主要包括以下步骤：①进行数据采集和处理，包括采集网络数据以及计算节点导纳矩阵来描述网络结构特性；②分析系统的暂态稳定性，通过暂态运行数据的采集计算能量函数值，根据该值定性判断系统是否失稳，若失稳，则进入主导失稳模式判断流程，若稳定则重复下一周期的数据采集再次进行判断；③计算灵敏度函数指标，通过灵敏度函数值的计算识别系统主导的失稳模式。

（1）数据采集和处理

数据采集和处理包括获取电力网络电气数据并计算节点导纳矩阵。数据采集和处理的模式根据电网模型的不同有不同的处理方式，对于标准的电力系统仿真模型，可通过仿真计算得到所需数据；对于实际电网，则需要根据实际网络结构重新

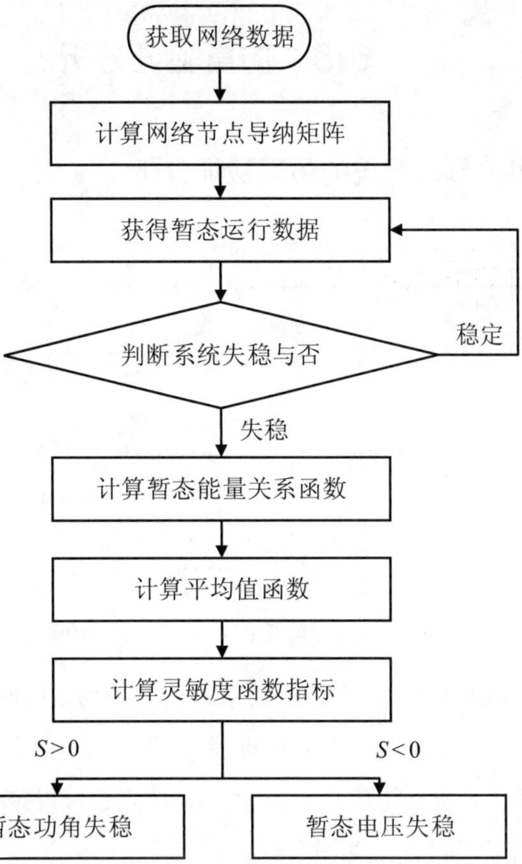


图6-2　主导暂态失稳状态识别流程图

构建其仿真模型，获得所需数据。

（2）暂态稳定性分析

暂态稳定性分析的判别方法，本文主要基于暂态能量函数的计算结果，将故障后的暂态能量值与势能边界法所得能量边界值比较，可以定性判断系统是否暂态失稳。如果判断出系统处于失稳状态，则会进入暂态主导失稳模式的判别流程。

（3）主导的暂态失稳状态识别

识别主导暂态失稳模式需要采集和输入系统的暂态运行数据，包括电压、功角、有功和无功等，然后根据本文提出的暂态能量关系函数分别计算暂态电压关系函数和暂态功角关系函数。基于暂态能量关系函数，进一步计算灵敏度函数指标$S$，通过该值来识别主导失稳模式。

# 6.5 仿真验证分析

## 6.5.1 IEEE 3机9母线系统的仿真验证分析

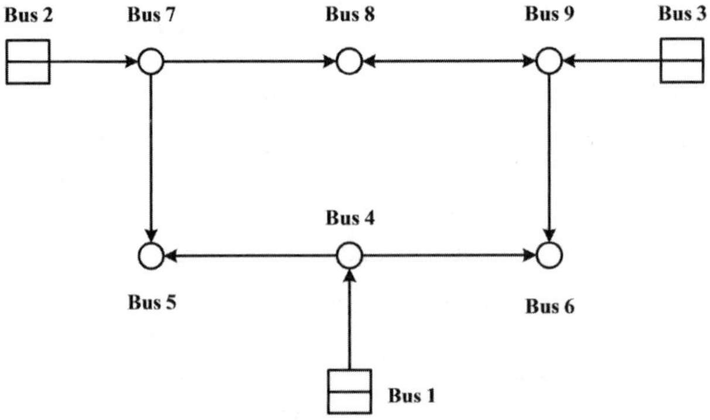


图6-3 新英格兰3机9节点系统图

在PSASP软件中对IEEE 3机9母线系统进行仿真，同时计算母线导纳矩阵，采集所需要的暂态运行数据。设定线路母线5-母线7在0 s时发生三相短路故障，在0.42 s时清除故障，系统整体仿真时长为5 s，仿真步长设定为0.01 s，得到系统暂态功角及母线电压变化特性曲线如图6-4所示。

在图6-4中，当三相短路故障发生后，（a）图中发电机2和3与发电机1进行比较，发电机2和发电机3的功角差在持续增加，不能恢复稳定状态，发生功角失稳。（b）图中，当三相短路故障发生后，电压特性曲线处于持续振荡状态，并且振荡幅度一直增大，振荡频率越来越高，电压发生失稳。

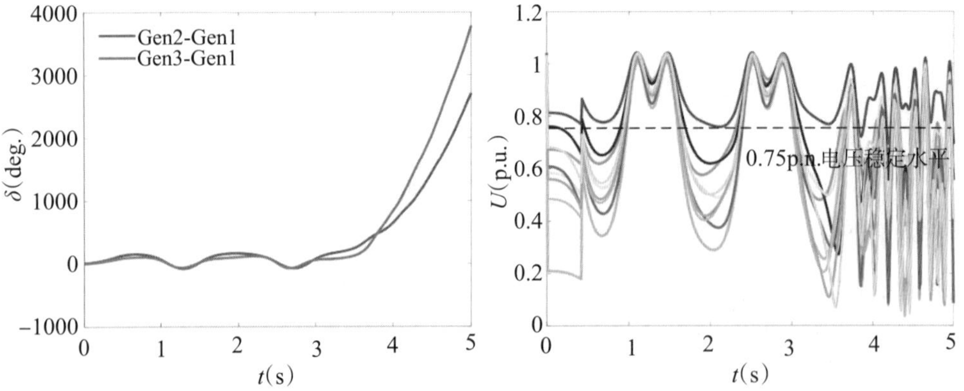


（a）故障后系统功角曲线 （b）故障后系统电压曲线

图6-4 故障后系统图

在该算例中，由于电压失稳和功角失稳状态同时存在，有必要确定主导失稳模式，分析这两种耦合模式是怎么引发的，并实施相应的控制措施以使系统恢复稳定。因此，先根据本文提出的暂态失稳主导模式识别方法，计算出灵敏度函数指标。同时，根据相轨迹法计算相应的主导失稳模式判别指标，并对两者进行比较，比较结果见表6-1所列。

**表6-1　本文方法与相轨迹法的结果比较**

| 时间(s) | 灵敏度函数指标$S$ | 相轨迹法 |
|---|---|---|
| 0.43 | 0.096 | 0.009 |
| 0.44 | 0.036 | 0.208 |
| 0.45 | 0.049 | 0.299 |

根据表6-1所示，所提灵敏度函数指标的计算结果均大于0，由此判断功角失稳模式是主导因素。并且，使用相轨迹法计算的指标值在不同仿真步长下均小于0.5，也得出功角失稳是主导因素的结论。根据以上分析，证明了本文所提的主导失稳模式判别指标是有效的。

同时，根据所采集的暂态运行数据，进一步计算所提出的暂态功角关系函数，得到暂态功角关系曲线如图6-5所示。由于暂态功角关系曲线反映的是暂态能量随发电机功角变化的变化率，从图6-5可以看出，发电机2的暂态功角关系曲线体现了比发电机3更剧烈的波动性，其波峰值远大于发电机3，说明发电机2的暂态能量变化随功角变化更为显著。因此，本文采取切除发电机控制措施来控制发电机2。

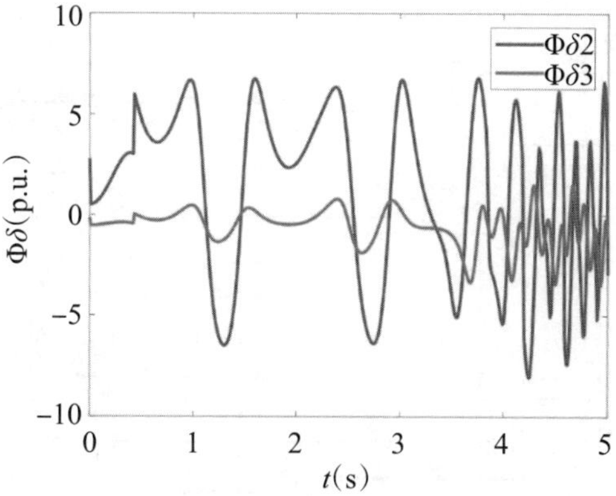


图6-5　系统暂态功角关系曲线

本算例在0.5 s切除发电机2，切机比例为30%，切机后系统中发电机2、发电机3的功角和多条母线的电压变化曲线如图6-6所示。

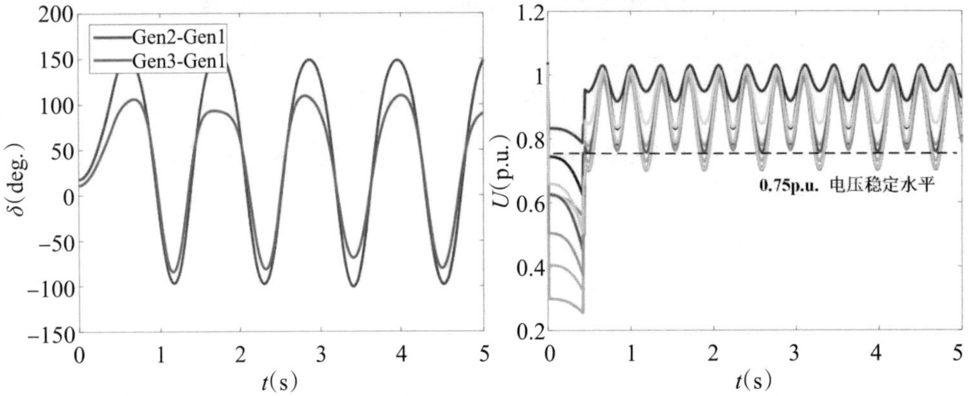


(a)采取控制措施后系统功角曲线　　(b)采取控制措施后系统电压曲线

图6-6　切机后系统的运动状态

根据图6-6所示的功角特性曲线和电压特性曲线的变化趋势，系统采取了切机措施后恢复到了稳定状态。在此状态下，功角保持在150度范围内，电压经历了较短时间波动后也恢复到超过0.75p.u.的水平。这表明采取了有效的发电机切除措施，符合暂态功角关系函数曲线的变化趋势。

### 6.5.2　新英格兰10机39母线系统仿真验证分析

在上一节中，通过在小型系统上进行算例分析，证明了本文提出的暂态失稳状态识别方法在小型系统中的有效性。本节中，我们将使用包含10台同步发电机、39条母线和12台变压器的新英格兰39母线算例，进一步验证本文所提指标在中型电力系统中的有效性。 新英格兰10机39母线系统，如图6-7所示。其中，发电机39设定为松弛母线，系统通过46条线路相互连接。

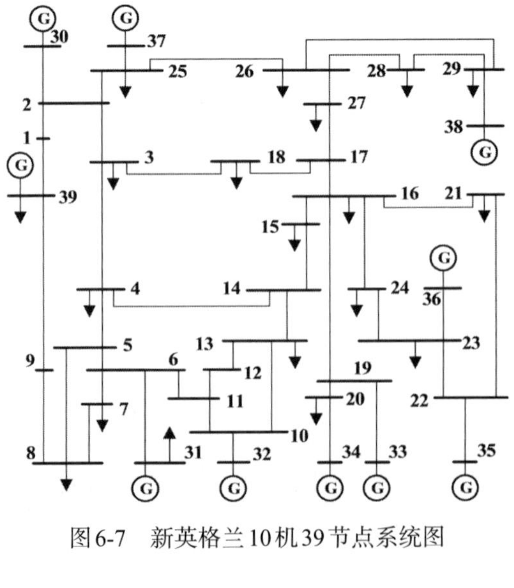

图6-7　新英格兰10机39节点系统图

本节对所提出的方法与常用的暂态失稳模式判别方法进行比较，并通过施加相应的控制措施来验证本文所提方法在大系统暂态稳定性分析中的可行性。本部分主要通过三大类七种情况进行分析和验证，具体包括：（1）情况1为只存在单个失稳状态的情况，根据传统方法可以判别系统是电压失稳还是功角失稳状态。将本文所提出指标与传统方法的判别结果进行对比，可以验证本文所提的能量灵敏度函数指标在识别单一失稳状态的有效性；（2）情况2～7为电压失稳和功角失稳状态同时存在的情况。此时，传统方法在确定主导失稳模式时失效，而本文所提灵敏度函数指标能够识别主导失稳模式，并根据暂态能量关系函数特性实施控制措施。

（一）情况1：单一失稳模式的判别

在仿真时间为10 s、步长为0.01 s的情况下，系统母线24在0 s时发生瞬时三相短路接地故障，故障过程持续0.1 s。同时，因为三相短路故障导致线路15～16在0.1 s时跳闸断开。图6-8展示了系统在此期间的暂态功角和母线15、16、17和39的电压变化情况。

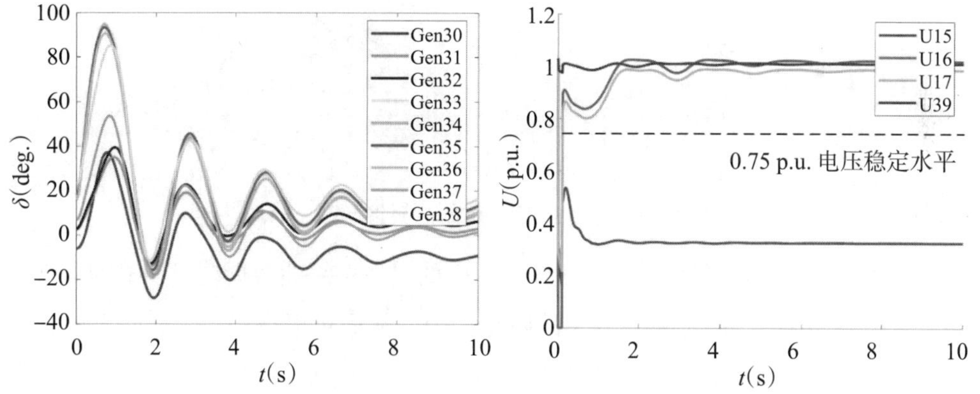


(a)故障后系统功角曲线　　(b)故障后系统电压曲线

图6-8　系统暂态功角和母线电压

根据图6-8（a）分析可知，发电机30-38的功角在多次振荡后振幅逐渐减小，并且发电机的相对功角一直保持在100度以内，使得暂态功角最终趋于稳定，而图6-8（b）中母线15的电压一直低于0.75p.u.。结合《电网安全稳定计算与分析指南》中关于电压失稳的判别标准，确定目前系统处于即将暂态电压失稳模式。

本文所提的能量灵敏度函数指标的计算结果列在表6-2中。从表6-2可知，在系统暂态过程中，能量灵敏度函数指标小于0，可确定当前系统的主导失稳模式为暂态电压失稳模式，与传统经验判断方法的结果一致。针对当前暂态电压失稳状态，进一步采取了切负荷的措施来对进行电压提升控制。暂态电压关系函数的仿真结果如

图6-9所示。

**表6-2　能量灵敏度函数指标*S*值变化**

| 时间(s) | 灵敏度函数指标S |
|---|---|
| 0.11 | −0.396 |
| 0.12 | −0.354 |
| 0.13 | −0.312 |
| 0.14 | −0.293 |
| 0.15 | −0.275 |

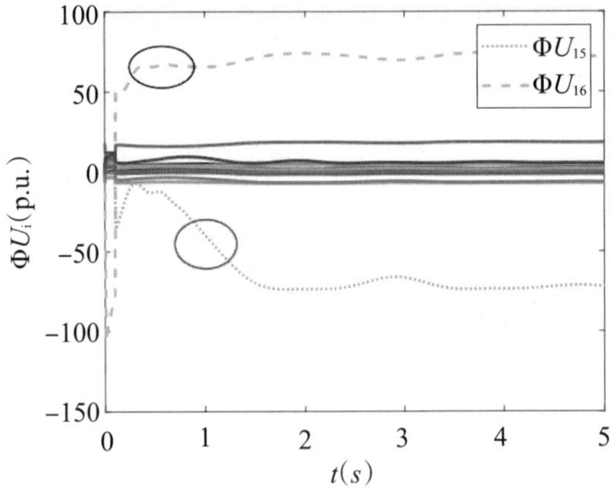


图6-9　系统暂态电压关系特性曲线

从图6-9可知，当故障发生后，线路15～16的电压关系曲线展现了明显的异常变化趋势，这与线路15～16上发生开关故障相符合。从而可以得出结论，暂态电压关系函数能够定性反映系统的暂态电压稳定情况。

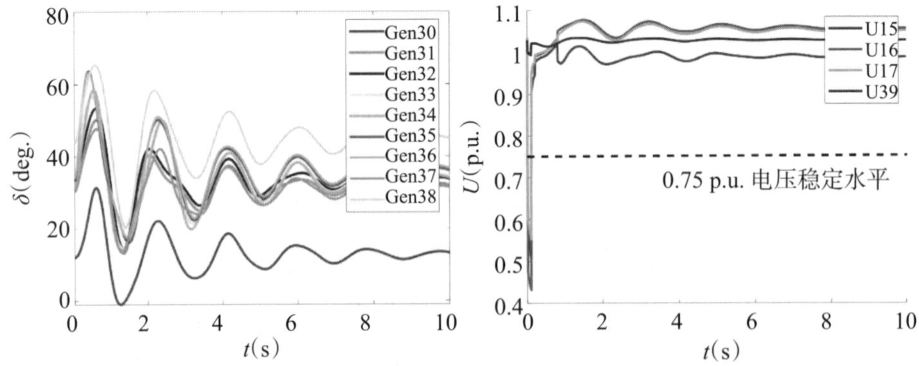


(a) 采取控制措施后系统功角曲线　(b) 采取控制措施后系统电压曲线

图6-10　切负荷后的系统运动状态曲线

在0.2 s时采取切负荷控制措施，切除母线15处50%的负荷，获得系统的暂态功角和母线电压的变化特性曲线如图6-10所示。由图6-10可知，发电机30-38的功角在多次振荡后逐渐减小，且振荡幅度一直保持在80度以下。母线15、16、17和39的电压变化特性曲线也在故障后最终趋于稳定，表明了所采取的切负荷措施是有效的。

（二）以功角失稳为主导的失稳模式识别（情况2-4）

假设支路26～27之间的支路以及支路26～29之间分别发生三相短路接地故障。针对不同的故障位置，分别讨论三种情况。情况2是指故障点位于AC32支路上距母线26为0%（AC32-1）处，故障持续时间为0 s～0.2 s；情况3是指故障点位于AC31支路上距母线26为80%（AC31-2）处，故障持续时间为0 s～0.3 s；情况4是指故障点位于AC33支路上距母线26为50%（AC33-3）处，故障持续时间为0 s～0.3 s。具体的故障设置见表6-3所列。

**表6-3　故障设置情况**

| | 故障支路 | 故障点位置(%) | 故障发生时间(s) | 故障清除时间(s) |
|---|---|---|---|---|
| 情况2(AC32-1) | AC32 | 0 | 0.0 | 0.2 |
| 情况3(AC31-2) | AC31 | 80 | 0.0 | 0.3 |
| 情况4(AC33-3) | AC33 | 50 | 0.0 | 0.3 |

故障情况2发生时候的系统功角和母线电压变化曲线如图6-11所示。基于图6-11(a)，发电机38的功角与其他发电机的功角差呈现增大趋势，并超过360度，直接导致发电机38与其他发电机失去同步，整个系统发电机群出现明显的分群趋势，系统出现暂态功角失稳状态。此外，图6-11（b）显示，在故障清除后，母线26和27的电压仍持续振荡，跌落最低点低于0.75p.u.，系统存在暂态电压失稳趋势。如果采用传统判别经验进行判断，无法确定系统的主导失稳状态，因为功角失稳状态和电压失稳状态同时存在。因此，本文所提暂态主导失稳模式识别方法在确定系统的主导失稳模式方面具有实际意义。

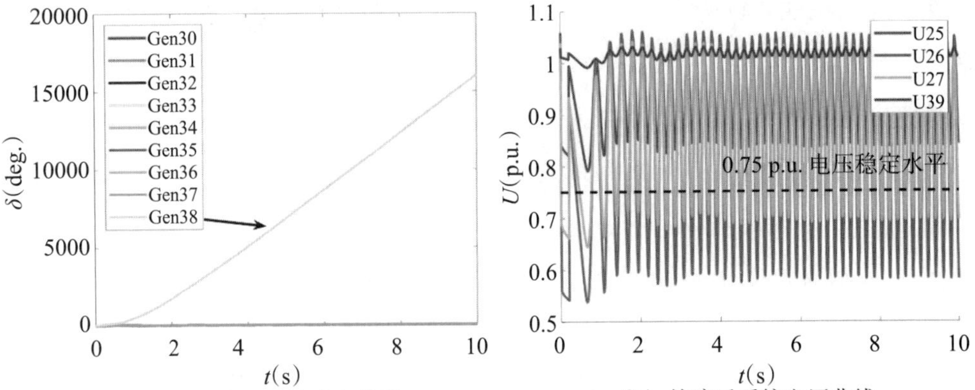


(a) 故障后系统功角曲线　　(b) 故障后系统电压曲线

图6-11　故障时的系统运行状态

能量灵敏度函数指标的计算，需要根据暂态运行数据计算暂态能量关系函数，同时进行均值和归一化处理。表6-4展示了三种情况下的灵敏度函数指标，从表中所列计算值可知，三种故障情况下的能量灵敏度函数指标均大于0，由此可确定系统的主导失稳状态为暂态功角失稳。因此，采取切发电机控制措施可使得系统较快恢复稳定性。

**表6-4　能量灵敏度函数指标*S*的值**

| 时间 | 能量灵敏度函数指标*S* | | |
|---|---|---|---|
| | 情况2(AC32-1) | 情况3(AC31-2) | 情况4(AC33-3) |
| 0.01 | 0.079 | 0.050 | 0.042 |
| 0.02 | 0.070 | 0.043 | 0.069 |
| 0.03 | 0.061 | 0.052 | 0.099 |
| 0.04 | 0.052 | 0.058 | 0.203 |
| 0.05 | 0.040 | 0.065 | 0.196 |

根据暂态运行数据得到的暂态功角关系函数特性曲线如图6-12所示。从该曲线可见，发电机38的功角关系函数曲线展现了大幅度波动，明显大于其他发电机，表明发电机38的暂态能量随功角变化的能量变化率更大。另外，在三种情况下，发电机38都呈现出明显的分群趋势，这是由于发电机38本身阻尼较小，抗扰能力相对较差。为了维持发电机38的暂态功角的稳定，需要对发电机38采取切机控制进行调节。

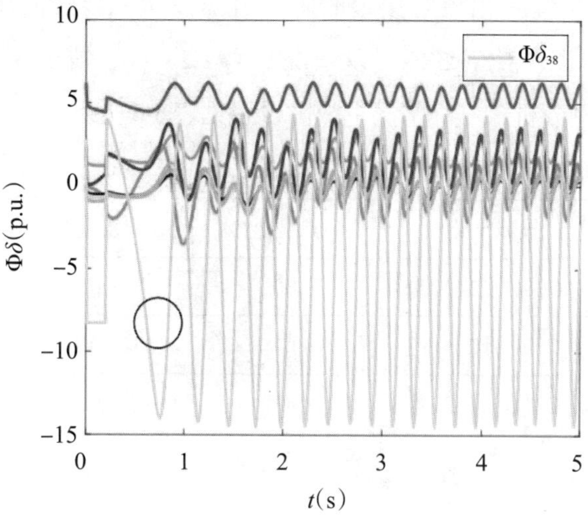


图6-12　系统暂态功角关系特性曲线

在0.4 s时切除38号发电机，切除比例30%。采取控制措施后，系统的暂态功角和母线电压曲线如图6-13所示。

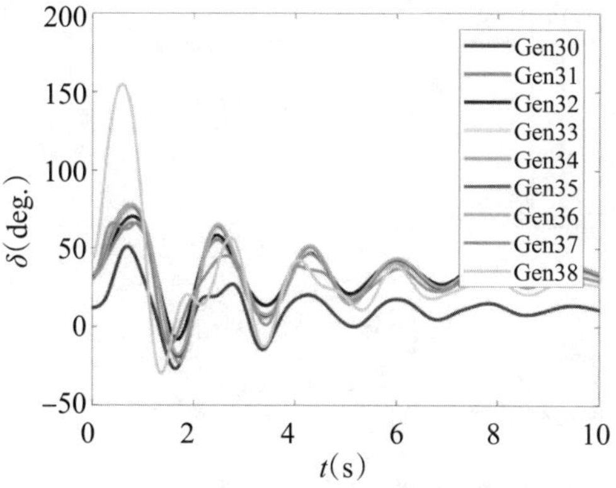


（a）采取控制措施后系统功角曲线

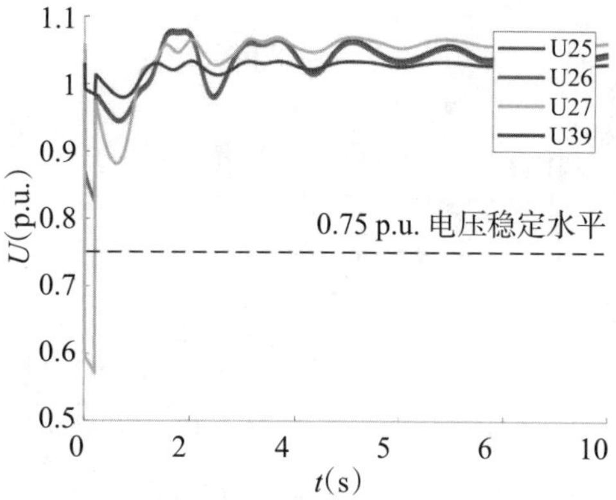


（b）采取控制措施后系统电压曲线

图6-13　切机后的系统运行状态曲线

由图6-13可知，发电机30-38的功角和母线25、26、27和39的电压在振荡后逐渐趋于稳定。并且，发电机功角特性曲线之间在第一摆的最大功角差约为150度，之后摆动逐渐减小并最终恢复稳定。在所选取的几个重要母线上观察的母线电压特性曲线，在故障清除后的第一次电压跌落均大于0.75p.u.，且后续过程都维持在正常波动范围，表明采取的切机措施有效，符合根据暂态功角关系函数曲线所做出的判断。

（三）以电压失稳为主导的失稳状态识别（情况5～7）

通过仿真进一步验证以电压失稳为主导的场景，分别在线路AC28、线路AC16

以及线路AC27上设置三相短路接地故障，故障发生和持续时间分别设置为0 s～0.32 s、0.1～0.39 s以及0～0.32 s。以情况5（AC28-1）、情况6（AC16-2）、情况7（AC27-3）进行算例分析，三种情况下故障设置见表6-5所列。

**表6-5　故障设置情况**

| | 故障支路 | 故障点位置(%) | 故障发生时间(s) | 故障清除时间(s) |
|---|---|---|---|---|
| 情况5(AC28-1) | AC28(U22-U23) | 100 | 0.0 | 0.32 |
| 情况6(AC16-2) | AC16(U10-U11) | 0 | 0.1 | 0.39 |
| 情况7(AC27-3) | AC27(U21-U22) | 50 | 0.0 | 0.32 |

根据情况5（AC28-1）的运行场景进行仿真分析，图6-14展示了系统故障过程中和故障后的功角和母线电压特性曲线。

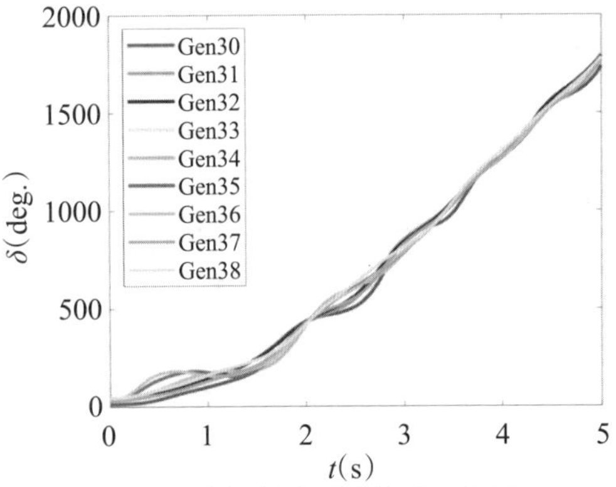

(a) 故障后系统功角曲线

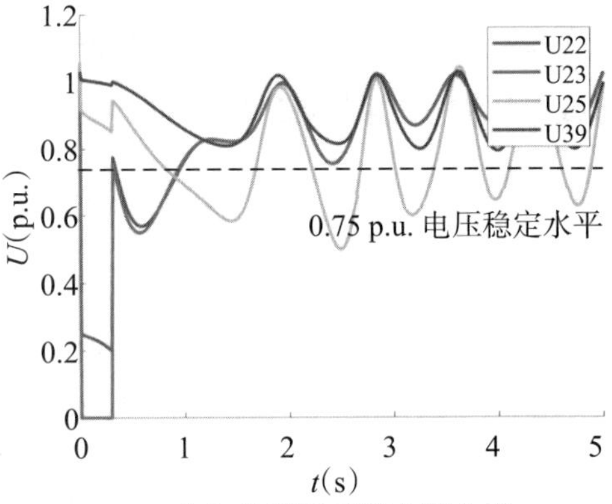

(b) 故障后系统电压曲线

图6-14　故障后的系统运行状态变化

根据图6-14（a）可知，其他发电机与平衡发电机39的功角差不断增大，超过了360度，这表明系统整体已经暂态功角失稳。此外，在根据图6-14（b）所示，母线23的电压在故障发生后迅速下降至0p.u.，并在故障解除后的一段时间内不停振荡，持续低于0.75p.u.。目前是两种暂态失稳模式都存在，依靠传统的方法，不能辨识何种失稳是主导。表6-6给出了三种故障情况下在故障解除后的能量灵敏度函数指标结果。

表6-6　能量灵敏度函数指标 $S$ 的值

| 时间 | 灵敏度函数指标 $S$ | | |
|---|---|---|---|
| | 情况5(AC28-1) | 情况6(AC16-2) | 情况7(AC27-3) |
| 0.01 | −0.056 | −0.063 | −0.210 |
| 0.02 | −0.068 | −0.059 | −0.208 |
| 0.03 | −0.085 | −0.058 | −0.226 |
| 0.04 | −0.101 | −0.063 | −0.212 |
| 0.05 | −0.120 | −0.069 | −0.253 |

从表6-6中可以看出，能量灵敏度函数指标 $S$ 在三种故障情况下均小于0，可确定系统的主导失稳模式为电压失稳。以此为依据，采取切负荷控制措施，会使得系统快速恢复稳定。

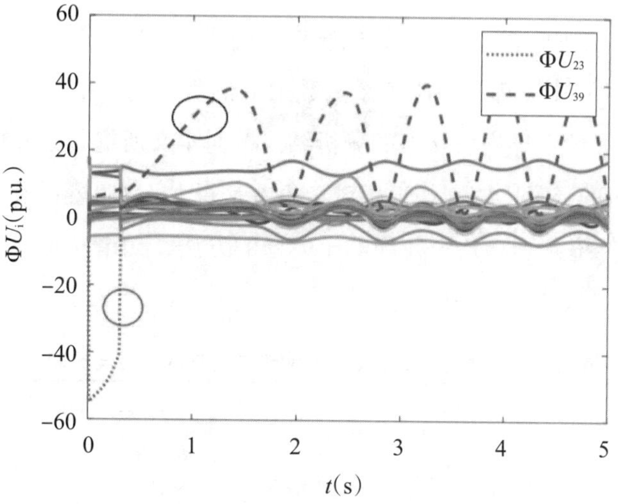


图6-15　暂态电压关系函数仿真曲线

图6-15给出了暂态电压关系函数曲线，由图可知，在发生故障时，母线23的暂态电压关系函数值出现了明显下降，表明暂态电压关系函数曲线可以有效反映系统的暂态变化情况。同时，母线39的暂态电压关系函数曲线在故障清除后出现异常波动，幅度远大于其他母线。为保持母线39的电压稳定性，在39母线上切负荷80%，切除负荷的时间为0.4秒。在切负荷后，系统的暂态功角特性和母线电压特性仿真曲线如图6-16所示。

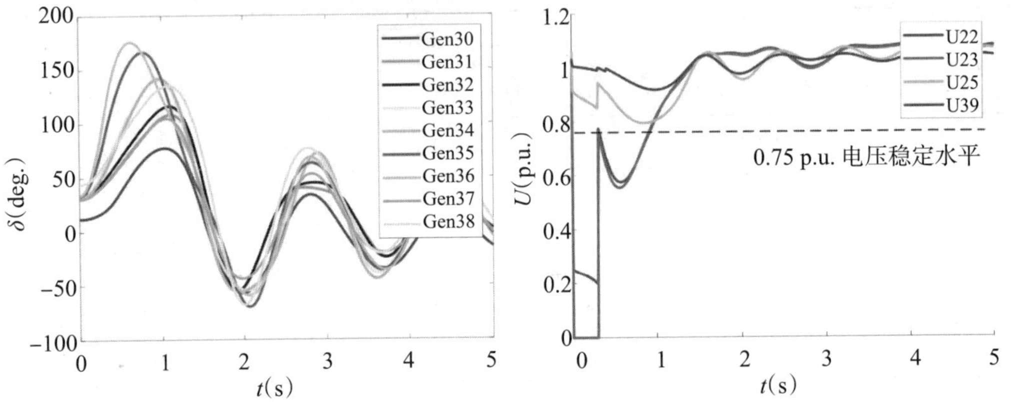


（a）采取控制措施后系统功角曲线　　（b）采取控制措施后系统电压曲线

图6-16　切负荷后的系统运行状态变化

根据图6-16所示，发电机30～38的功角在第一摆后摆动幅度逐渐减小，并且波动最大幅度不超过180度。同时，母线电压特性曲线在一次跌落后也恢复到正常电压波动范围。这表明了基于暂态电压关系函数采取的负荷切除措施的有效性。再进一步结合表6-7所列七种主导失稳状态的分析结果，对本文所提方法和传统方法在暂态失稳模式识别方面进行了比较。基于相对功角差是否大于360度以及系统电压是否持续低于0.75p.u.是传统判别功角失稳和电压失稳的方法，如果功角或者电压在一定时间内未恢复到正常，则被判定为失稳。

**表6-7　多种情况下本文方法和传统方法的总结与比较**

| | | 传统方法 | | | 本文所提方法 | | |
|---|---|---|---|---|---|---|---|
| | | 功角（度） | 电压（p.u.） | 失稳情况 | 能量灵敏度函数指标 $S$ | 主导失稳模式判别 | 是否有效控制 |
| 单一失稳状态 | 情况1 | 31.45 | 0.45 | 电压失稳 | –0.26 | 电压失稳 | 是 |
| 功角失稳主导 | 情况2 | 488.40 | 0.64 | 同时存在 | 0.10 | 功角失稳 | 是 |
| | 情况3 | 415.23 | 0.70 | 同时存在 | 0.07 | 功角失稳 | 是 |
| | 情况4 | 601.65 | 0.64 | 同时存在 | 0.12 | 功角失稳 | 是 |
| 电压失稳主导 | 情况5 | 432.54 | 0.72 | 同时存在 | –0.12 | 电压失稳 | 是 |
| | 情况6 | 454.65 | 0.62 | 同时存在 | –0.06 | 电压失稳 | 是 |
| | 情况7 | 439.78 | 0.67 | 同时存在 | –0.30 | 电压失稳 | 是 |

根据表6-7的对比分析可知，传统方法的局限在于只能对暂态功角失稳或暂态电压失稳进行单一判断，并且不能及时得出结论。而本文所提的基于能量灵敏度函数指标的方法，综合考虑了系统的暂态功角和暂态电压失稳两种情况，且能及时给出判别结果，更适合在线应用。进一步说，本文方法不仅可以准确识别出系统在不同工况下的主导失稳模式，还可以根据失稳模式确定有效的控制措施。因此，本文所提方法有望为电力系统暂态稳定性分析和控制提供在线支撑。

情况1主要针对单一失稳情况，本文所提方法与传统方法判别结果相同，且可基于暂态能量关系函数曲线实施有效控制。情况2～7为两种失稳状态同时存在的情况，传统方法无法辨识主导失稳模式，因此无法采取有效的控制措施。本文所提的方法通过计算能量灵敏度函数指标来确定主导失稳模式，且可根据暂态能量关系函数值确定有效的控制，使系统快速恢复稳定。另外，在小规模仿真系统算例中，对本文所提的能量灵敏度函数指标与汤涌等所提的功率全微分指标进行了比较，进一步验证了本文所提指标的有效性。在大规模仿真系统算例中，与传统判别方法进行了比较，验证了本文所提的方法在确定主导失稳模式上的有效性。

## 6.6　本章小结

本章主要阐述了基于暂态能量关系函数的电力系统暂态主导失稳模式识别方法。首先，对基于网络结构保持的暂态能量函数模型进行扩展和延伸，基于暂态稳定性机理构建了暂态能量关系函数。其次，通过深入分析暂态能量关系函数并进行相关数学处理，获得了能量灵敏度函数指标，基于该能量灵敏性函数指标的值来辨识电力系统故障过程中的主导失稳模式。最后，通过新英格兰3机9节点系统和10机39节点系统，对灵敏度函数指标的有效性和可行性进行了仿真验证，结果表明本文所提的暂态能量关系函数能够实施有效的控制，并且能量灵敏度函数指标能够有效辨识暂态失稳主导模式。

# 第七章 基于暂态能量的电力系统暂态失稳控制策略研究

本章基于灵敏度函数指标和暂态能量关系函数，采用一系列控制措施来控制暂态失稳。尽管暂态能量关系函数可以确定控制的类型和位置，但无法确定控制实施的数量和时间。为此，本章基于暂态能量函数的理论基础，并结合第六章提出的主导失稳状态识别方法，研究了切机和切负荷控制的控制数量和时间确定方法，提出了一种基于暂态能量函数模型的电力系统暂态失稳控制策略。

## 7.1 基于暂态能量关系函数的控制地点确定方法研究

针对紧急控制措施的实施，有三个关键的研究点：（1）控制地点的确定方法，选取合适的控制地点至关重要。如果选错了控制地点，即使切除了较多的发电机出力或负荷，也可能无法达到理想的控制效果。最严重的情况可能会因发电机出力不足或过剩而引发更为严重的电网事故。因此，选择适当的控制地点是实现有效控制的前提；（2）控制时间的确定方法，一旦监测到系统产生失稳的趋势或暂态失稳事件，应尽可能快地实施紧急控制措施，以防止系统进一步失稳。根据现场运行经验，在系统异常情况下控制措施越早实施，则控制效果越好。在实际情况中，发现失稳往往滞后于失稳的发生，因此实施控制的时间并非都是在失稳的早期。因此，将控制时间作为实现控制措施的变量，计算不同控制时间下的控制量大小；（3）控制量的确定方法，控制量的确定通常只停留在理论分析阶段，实际实施时大部分仍依赖经验。控制量的大小与实施控制的时间密切相关。随着实施控制的时间变化，控制量也会在一定范围内变化。控制量的实施不当不仅会影响控制效果，甚至会引发新的事故，同时也会造成投入成本的浪费。因此，控制量的确定方法仍是一个需要深入研究的领域。

传统思路下，切负荷控制通常根据负荷电压下降程度或灵敏度指标对负荷节点进行排序，以实施负荷切除。如果因为有功不匹配需要切除负荷，则会根据电网功率缺口和经济性指标对某些负荷进行排序，以确定切负荷控制的位置。切机控制的实施首先需要将发电机群分为超前和滞后群，根据发电机功角差变化来确定超前机群的排序，以确定切机控制的位置。

本书基于前面所提的暂态能量关系函数，对控制地点的方法进行了研究。通过算例可以发现，暂态能量关系函数对于控制地点的确定具有一定的研究价值，可以得出一些有用的结论。

基于暂态能量关系函数的物理含义，暂态能量关系函数可以表征暂态能量随发电机功角或母线电压变化而变化的特点。因此，本书利用暂态能量关系函数研究不同控制措施下（包括切机控制和切负荷控制）控制地点的选择方法。

### 7.1.1　切机控制地点的选择

发电机的暂态能量相对于功角的变化率可以通过暂态能量功角关系函数来体现，计算结果的值的大小，体现了发电机的暂态能量变化的剧烈程度，因此增大暂态能量功角关系函数的值可以产生明显的控制效果。由于每台发电机母线 $i$ 对应一个关于时间变化的函数 $\Phi\delta_i$，其故障发生时刻为 $t_0$，切机时刻为 $t_{cut}$。定义切机控制的优先级指标为 $k_G$，并按照优先级指标表达式对超前机群的发电机进行切机顺序排序。

$$k_{Gi} = \Phi\delta_i\big|_{t=t_{cut}} - \Phi\delta_i\big|_{t=t_0} \tag{7-1}$$

本章的仿真过程设置的系统运行及故障条件与6.5.2节中情况2相同，切机时刻设定为0.5 s，计算各台发电机功角差变化以及本节所提优先级指标 $k_{Gi}$，然后对除松弛母线以外的9台发电机进行排序，排序结果见表7-1所列。

**表7-1　故障时超前机群的排序情况统计**

| 发电机序号 | 功角差 $\Delta\delta_i$ | $k_{Gi}$ | 根据 $\Delta\delta_i$ 排序 | 根据 $k_{Gi}$ 排序 |
|---|---|---|---|---|
| 30 | 16.172 | 0.069 | 9 | 9 |
| 31 | 14.573 | 0.611 | 8 | 8 |
| 32 | 16.003 | 0.678 | 7 | 5 |
| 33 | 19.110 | 0.546 | 5 | 6 |
| 34 | 18.276 | 0.532 | 6 | 7 |
| 35 | 19.854 | 1.018 | 3 | 3 |
| 36 | 19.523 | 1.047 | 4 | 4 |
| 37 | 22.344 | 1.669 | 2 | 2 |
| 38 | 117.510 | 6.757 | 1 | 1 |

在表7-1中，根据排序的结果可知，根据功角差和优先级指标进行排序的结果并不完全一致，但是在允许一定误差的情况下，可以近似认为排序结果是一致的。在38号发电机的排序指标方面，无论是功角差排序还是优先级排序，排序都是最高的，因此应该优先控制该发电机。对于算例中的9台发电机，约有66.7%的情况排序是一致的，这证明了所提出的优先级指标可以用于判断控制地点，并且是可行的。

### 7.1.2 切负荷地点的选择

负荷母线暂态能量电压关系函数的大小反映了该负荷母线的暂态能量随负荷母线电压变化的变化关系，暂态能量电压关系函数值的大小表明了暂态能量对于负荷母线的电压变化的大小，在暂态能量电压关系函数值大的地方施加控制会获得更好的控制效果。在电力系统中，每条负荷母线 $i$ 都有一个随时间变化的 $\Phi U_i$ 与之对应。假设 $t_0$ 为故障发生时刻，负荷切除时刻为 $t_{cut}$，切负荷控制的优先级指标定义为 $k_L$，对需要切除负荷的母线按照 $k_L$ 值的大小顺序进行排序，优先级指标表达为

$$k_{Li} = \Phi U_i\big|_{t=t_{cut}} - \Phi U_i\big|_{t=t_0} \tag{7-2}$$

按照与第六章情况5设定的系统仿真条件进行仿真，假设负荷切除时刻为0.4 s，根据各负荷母线电压下降水平和本节所提优先级指标 $k_{Li}$ 对19条负荷母线进行优先级排序，排序结果见表7-2所列。

**表7-2 负荷母线排序顺序**

| 负荷节点 | 电压下降水平 $\Delta U_i$ | 指标 $k_{Li}$ | 根据 $\Delta U_i$ 排序 | 根据 $k_{Li}$ 排序 |
|---|---|---|---|---|
| 3 | 0.415 | 0.010 | 19 | 19 |
| 4 | 0.206 | 0.239 | 12 | 9 |
| 7 | 0.303 | 0.059 | 16 | 15 |
| 8 | 0.217 | 0.110 | 13 | 12 |
| 12 | 0.189 | 0.107 | 10 | 13 |
| 15 | 0.179 | 0.335 | 8 | 7 |
| 16 | 0.154 | 0.383 | 5 | 6 |
| 18 | 0.194 | 0.129 | 9 | 11 |
| 20 | 0.173 | 1.301 | 6 | 3 |
| 21 | 0.369 | 0.034 | 18 | 18 |
| 23 | 0.190 | 0.406 | 7 | 8 |
| 24 | 0.269 | 0.093 | 15 | 14 |

续表

| 负荷节点 | 电压下降水平 $\Delta U_i$ | 指标 $k_{Li}$ | 根据 $\Delta U_i$ 排序 | 根据 $k_{Li}$ 排序 |
|---|---|---|---|---|
| 25 | 0.151 | 0.817 | 4 | 4 |
| 26 | 0.201 | 0.318 | 11 | 10 |
| 27 | 0.244 | 0.046 | 14 | 17 |
| 28 | 0.310 | 0.060 | 17 | 16 |
| 29 | 0.147 | 0.503 | 3 | 5 |
| 31 | 0.132 | 2.701 | 2 | 2 |
| 39 | 0.052 | 6.922 | 1 | 1 |

根据表7-2的负荷母线优先级指标排序结果可得，19条负荷母线中，电压下降水平和优先级排序指标所得到的排序结果相同的母线，占总数的52.6%。此外，31号和39号节点的排序结果始终一致，这表明所选定的指标已经成功地筛选出了需要切除负荷的母线。但是，因为计算误差的原因，排序结果有一定的差异。由此验证了在实际操作中，指标 $k_L$ 的计算结果是可行的。

## 7.2　控制量的确定

### 7.2.1　等面积定则与临界清除角

图7-1中给出了单机无穷大系统在不同运行方式下的有功—功角曲线。在系统正常运行情况下，原动机输出的机械功率等于发电机向无穷大系统传输的电磁功率。当输送的电磁功率为 $P_0$，原动机机械功率为 $P_M$ 时，满足 $P_0=P_M$，此时功率达到平衡，发电机运行在稳定点，即图7-1中的 $a$ 点，此时功角为 $\delta_0$。

故障发生后，在较短时间内由于转子的惯性，转子角度不会突变，而功率特性曲线降至 $P_{\mathrm{II}}$，运行点从 $a$ 点转移到 $b$ 点。此时，输出的电磁功率减小，机械功率大于电磁功率，使得转子加速，功角 $\delta$ 将随之增大，运行点从 $b$ 点向 $c$ 点移动。此时如果不施加控制，功角将无限增大，最终导致功角失稳。

在实际的电力系统运行中，系统发生故障后，继电保护等装置迅速动作将故障清除。假设故障清除时系统已经运行到 $c$ 点，故障清除时的功角此时为 $\delta_c$，此时系统运行点将从 $c$ 点转移到 $e$ 点，运行在功率特性曲线 $P_{\mathrm{III}}$ 上。$e$ 点处发电机电磁功率大于原动机机械功率，转子减速，由于转子惯性角度继续增加，运行点从 $e$ 点移向 $f$ 点，假设$f$点时转速为0，功角不再增大。之后，由于电磁功率和机械功率的不平衡以及转子的惯性，运行点在$k$、$e$、$f$之间来回切换，系统处于暂态过程。但由于阻尼作用，最终系统会稳定在原来的或者新的运行点上。如果故障清除太晚，在$f$点（甚至在越过$h$点后）转速还未降至0，则在越过$h$点后，转子继续加速，功角继续增加，最终会导致功角失稳。

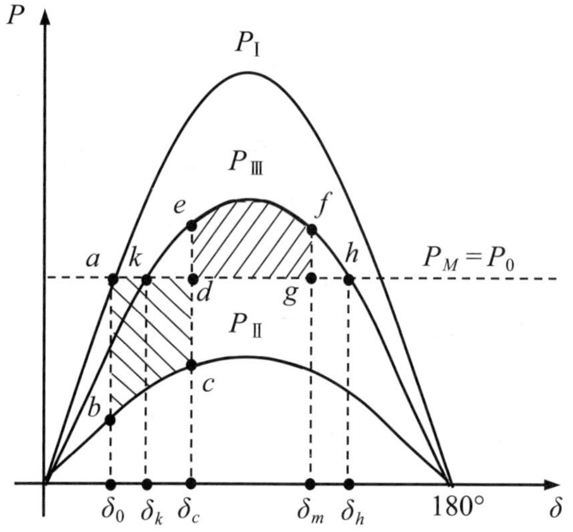


图7-1　单机无穷大系统三种状态的功角特性曲线

通过上述分析可知，在故障发生后，从初始功角$\delta_0$到临界切除功角$\delta_c$的时间范围内，转子因为机械功率大于电磁功率而加速，加速转矩对相对角位移所作的功等于转子在相对运动中的动能增加，计算表达式为

$$\frac{1}{2}M\dot{\delta}_c^{\,2} = \int_{\delta_0}^{\delta_c}(P_M - P_{\text{II}})\mathrm{d}\delta \tag{7-3}$$

关系式（7-3）中，$\delta_c$表示功角为$\delta_c$时刻对应的转子相对角速度。等式左边表示转子动能的增加，右侧表示图7-1中$abcd$运行点所包围的加速面积。在故障后，系统从$c$点运行到$f$点，转子动能的减少等于制动转矩所做的功，此时相对角速度为0，满足以下关系式

$$\frac{1}{2}M\dot{\delta}_c^{\,2} = \int_{\delta_c}^{\delta_m}(P_{\text{III}} - P_M)\mathrm{d}\delta \tag{7-4}$$

在式（7-4）中，等式左边表示当转子减速到$\delta_m$时失去的动能，而等式右边则对应图7-1中$defg$所围减速面积。结合式子（7-3）和（7-4），可以得到以下关系式

$$\int_{\delta_0}^{\delta_c}(P_M - P_{\text{II}})\mathrm{d}\delta = \int_{\delta_c}^{\delta_m}(P_{\text{III}} - P_M)\mathrm{d}\delta \tag{7-5}$$

式（7-3）、（7-4）描述了发电机转子运动的等面积定则，即转子在减速过程中减少的动能等于加速时增加的动能。当减速面积大于等于加速面积时，发电机能够维持功角稳定。根据这个定则，可计算出临界清除角，对应系统能够维持稳定运行的最晚切除故障时间。在临界情况下，即在$h$点时的清除角度即为临界清除角度$\delta_{cm}$，并满足以下关系式

$$\int_{\delta_0}^{\delta_{cm}}(P_M - P_{\mathrm{II}})\mathrm{d}\delta = \int_{\delta_{cm}}^{\delta_h}(P_{\mathrm{III}} - P_M)\mathrm{d}\delta \tag{7-6}$$

临界清除角表达式是根据式（7-6）推导而得，表达式为：

$$\cos\delta_{cm} = \frac{P_M(\delta_h - \delta_0) + P_{\mathrm{II}\max}\cos\delta_h - P_{\mathrm{II}\max}\cos\delta_0}{P_{\mathrm{III}\max} - P_{\mathrm{II}\max}} \tag{7-7}$$

在式（7-7）中，角度用弧度来表示，表达为

$$\delta_h = \pi - \sin^{-1}\frac{P_0}{P_{\mathrm{III}\max}} \tag{7-8}$$

临界切除角是根据最大可能的减速面积计算出来的角度。如果在清除故障时，切除角大于临界切除角，会导致加速面积大于减速面积，使得运行点偏离平衡点，最终导致系统失去同步。只要故障清除时的角度小于临界切除角，发电机就能保持稳定。通常情况下，发电机失稳是由于保护装置没有及时清除故障，导致实际切除角大于临界切除角。此时，需要采取切机、切负荷等来实现紧急控制，强制系统恢复稳定。

### 7.2.2　控制量的计算

从系统暂态能量的角度研究电力系统暂态稳定性，实质是判断故障期间外部注入电网的能量能否被电网完全消纳的问题。对于暂态功角失稳，实质上是暂态过程中发电机机械功率过剩，导致发电机加速，体现为动能过剩，过剩的动能注入电网，而网架和负荷无法消纳过多的动能并转化为势能，简单的方法是减少或者切除部分发电机出力，减小电网转化势能的压力。对于暂态电压失稳，本质上是暂态过程中负荷母线对应的势能过大，使得电网吸纳动能的能力减弱，通过切除部分负荷来减小电网储存的势能，提升动能的吸纳能力。基于以上分析，后面将从暂态能量变化的角度，提出求解控制量的方法。

网络结构保持能量函数模型中实际将电力系统分为发电机侧、网络侧、负荷侧三个子部分构建了相应的暂态能量函数，在实际电力系统运行过程中，从电力系统运行机理的层面，能量在这三部分中传输并转化，因此研究其能量流动转换机理是

基于能量函数进行暂态稳定性研究的关键，图7-2描述了能量在电力系统各部分的传输和流动方向。

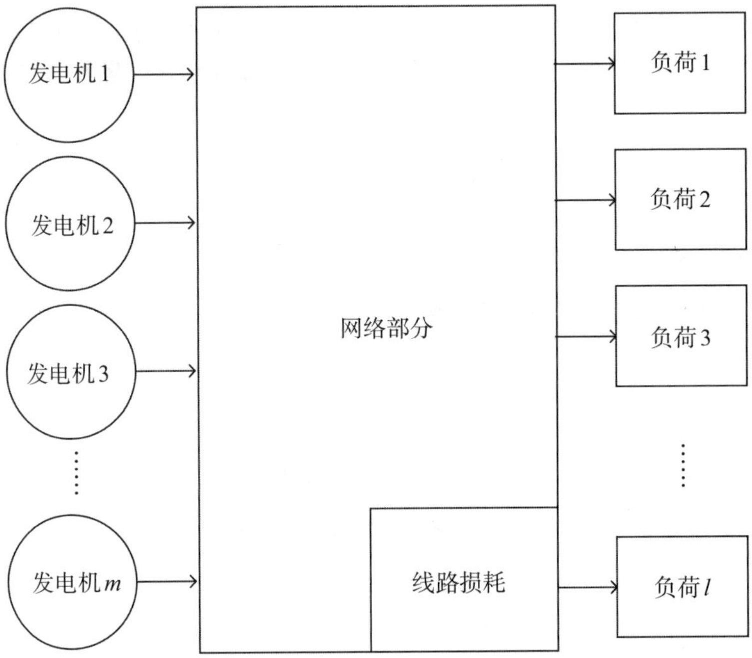


图7-2　电力系统中暂态能量传输和流动方向

图7-2所示，从暂态能量函数的观点来看，故障是引发暂态能量的源头，一旦暂态能量增加，发电机将吸纳部分暂态能量，通过发电机转子转速的增加来体现，这就是动能，动能转化为势能是通过其他电气元件，通过电气量的变化经由如变压器等交流元件向输电网络中传输，一部分在输电网络存储体现为耗散能，一部分到达负荷，体现为负荷母线上的势能。因为故障注入的能量完全为电力系统的消纳，动能和势能达到平衡，电力系统处于稳定状态，故障注入的能量不能完全为电力系统的消纳，动能和势能不能达到平衡，电力系统将失稳。

根据第五章介绍了网络结构保持的暂态能量函数模型，可以得到暂态能量函数的核心算法公式

$$E=\int \mathrm{Im}(I^{*}\mathrm{d}U)=\int\left(Pd\theta+\frac{Q}{U}dU\right) \tag{7-9}$$

式（7-9）体现的是电网中势能的计算，对于电力系统中的任意母线或端口，母线或者端口的运行状态参数包括电压和相位角变化、线路传输的有功功率和无功功率变化，实质体现的是势能的转化，根据式（7-9），就能计算系统某一部分的暂态能量。该表达式对具体的元件模型不具依赖性。本节应用该表达式来计算电网可消纳的能

量，根据不平衡功率与能量的对应关系来确定实施控制量的大小。

上一节中，在小于临界清除时间或临界清除角的范围内，发电机能够通过自身的调节使得功率重新分配，最终恢复平衡或到达新的平衡状态，一旦故障清除时间过长而产生不可消纳能量，将会引发系统暂态失稳。假设故障后产生的不可消纳能量为 $E_{over}$ ，根据电力系统中的能量流动规律，能量总是从故障点注入，向发电机、网络和负载等传输和转化，由于故障点注入的能量无法直接计算，只有通过发电机的动能和势能来观测，系统不可消纳的能量必然以发电机转子动能增大的形式呈现，因此，这里通过计算发电机部分的暂态能量减去转化为负荷和网络部分的势能的差值来衡量。因此，不可消纳能量必须满足下式

$$E_{over}=\left|E_{gen}-E_{load}-E_{net}\right|\Big|_{t_c}^{t_{cut}} \tag{7-10}$$

其中， $t_c$ 表示临界清除时刻； $t_{cut}$ 表示紧急控制时刻，绝对值保持能量总消纳为正值。根据功率的流动方向，在功角失稳时，发电机会产生过剩能量；而在系统发生暂态电压失稳时，负荷会产生过剩需求，这两者最终体现为整个系统的不可消纳能量。由于这两种失稳机理的不同，因此在计算切机和切负荷控制量时需要作出区分。下面将分别介绍切机和切负荷控制的计算方法。

（1）发电机有功切除量计算

设需要切除的发电机有功功率为 $\Delta P_G$ ，在系统临界的情况下，必须确保切除的有功功率能够在一定时间内能够对应减少不可消纳能量。假设切机措施的实施时间范围为 $[t_{cut},t]$，在此时间内功角的变化范围为 $[\delta_{cut},\delta]$ 。因此，需要满足以下关系式

$$E_{over}=\int_{\delta_{cut}}^{\delta}\Delta P_G\mathrm{d}\delta \tag{7-11}$$

将式（7-10）和式（7-11）整合可以得到关于切机量计算的关系式

$$\int_{\delta_{cut}}^{\delta}\Delta P_G\mathrm{d}\delta=\left(E_{gen}-E_{load}-E_{net}\right)\Big|_{\delta_c}^{\delta_{cut}} \tag{7-12}$$

假设需要切除的有功功率范围为 $\Delta P_G<P_M$ 。其中， $P_M$ 是指根据暂态功角关系函数排序后的第一台发电机的机械功率。如果切除比例为 $\lambda_g$ ，那么切除的有功功率 $\Delta P_G$ 将满足下式

$$\Delta P_G=\lambda_g P_M \tag{7-13}$$

将式（7-13）代入式（7-12），可得此时切机比例的求解关系式为

$$\lambda_g=\left(E_{gen}-E_{load}-E_{net}\right)\Big|_{\delta_c}^{\delta_{cut}}/\left[P_M(\delta-\delta_{cut})\right] \tag{7-14}$$

据此，可以确定每个切除时间点适用的切除比例。如果需要切除的有功功率 $\Delta P_G > P_M$ 超出了单台发电机的装机容量，则需切除其他发电机。在排序表排序的第二台发电机的切机比例，则是总切机功率减去第一台发电机机械功率后的剩余有功功率的比例，以此类推。

（2）负荷切除量的计算

在电压失稳主导模式下，需要实施切负荷控制，在系统电压失稳达临界状态时，需要切除的负荷有功功率 $\Delta P_L$ 应该足够抵消由故障引起的系统不可消纳能量部分。设切负荷的措施实施的时间范围为 $[t_{cut}, t]$，则根据式（7-9）计算出因为故障注入的不可消纳能量与需要切除的负荷有功功率之间的关系

$$E_{over} = \int_{t_{cut}}^{t} \left( P\mathrm{d}\theta + \frac{Q}{U}\mathrm{d}U \right) \tag{7-15}$$

将（7-15）进一步拆解整理，可以得到以下关系式

$$E_{over} = \int_{t_{cut}}^{t} (\Delta P_L \frac{\mathrm{d}\Delta\theta}{\mathrm{d}t} + \frac{\Delta Q}{U}\frac{\mathrm{d}\Delta U}{\mathrm{d}t})\mathrm{d}t \tag{7-16}$$

其中，$\Delta\theta = \theta - \theta_c$，$\Delta U = U - U_c$，$\theta_c$ 和 $U_c$ 分别表示临界清除时刻的电压和相角。忽略无功和电压的作用，则有

$$E_{over} = \int_{t_{cut}}^{t} \Delta P_L \frac{\mathrm{d}\Delta\theta}{\mathrm{d}t}\mathrm{d}t = \int_{t_{cut}}^{t} \Delta P\omega\mathrm{d}t \tag{7-17}$$

将式（7-17）代入式子（7-10），可得切除负荷对应消纳的能量为

$$\int_{t_{cut}}^{t} \Delta P_L\omega\mathrm{d}t = \left(E_{load} + E_{net} - E_{gen}\right)\Big|_{t_c}^{t_{cut}} \tag{7-18}$$

设需要切除的有功功率范围为 $\Delta P_L < P_T$。其中，$P_T$ 代表按照暂态电压关系函数排序后第一个负荷节点的负荷的原平衡功率。若切除比例为 $\lambda_l$，则切除的有功功率 $\Delta P_L$ 满足下列关系式

$$\Delta P_L = \lambda_l P_T \tag{7-19}$$

将式（7-19）代入式（7-18），可得此时负荷切除比例的求解关系式为

$$\lambda_l = \left(E_{load} + E_{net} - E_{gen}\right)\Big|_{t_c}^{t_{cut}} / \left[(t - t_{cut})\cdot(\theta - \theta_{cut})\right] \tag{7-20}$$

由此，可以得到对应每一个切负荷时刻的负荷切除比例。若需要切除的负荷有功功率 $\Delta P_L > P_T$，则需要切除多个负荷，根据排序表中的第二个负荷母线，需要切除的总负荷减去第一个负荷的有功功率，即是第二个负荷的切除比例，依此类推。

## 7.3　电力系统暂态失稳识别及控制综合策略

图7-3给出了电力系统暂态失稳识别及控制的综合策略流程，整个流程由三个主要步骤构成：初始判别算法、暂态主导失稳状态识别算法和紧急控制策略。初始判别算法主要是定性的判别，基于工程经验进行判别。一旦系统进入暂态失稳状态，则进入下一步骤——主导失稳状态识别算法，通过辨识主导失稳状态，采取相应的紧急控制措施。实施控制后，继续对系统运行情况进行监测。如果系统仍处于失稳，则重新重复失稳识别、控制决策的步骤。

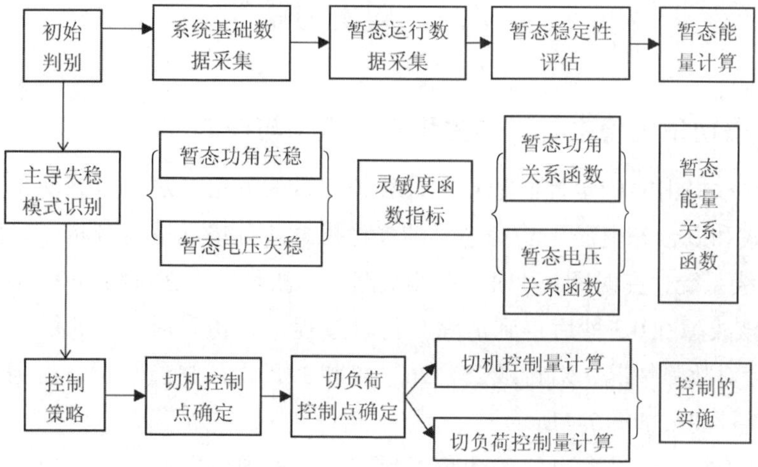


图7-3　电力系统暂态失稳识别及控制流程图

（1）初始判别方法研究

本文所提的策略和方法都是在基于网络结构保持模型的暂态能量函数框架下构建，在最初的数据准备阶段需收集系统的电气结构参数等基本数据并计算系统节点导纳矩阵。在系统运行期间，需要收集系统在稳态和暂态过程的运行数据。一旦系统发生故障或干扰而进入暂态运行，需对系统进行初步失稳判断，评估系统的暂态稳定性。系统被初步判定为失稳，则需计算暂态能量，并进入主导失稳模式识别部分辨识失稳类型。

（2）识别算法的研究

本书提出了使用能量灵敏度函数指标来识别电力系统的主导失稳模式。该方法通过基于网络结构保持模型的暂态能量函数，进行扩展得到暂态功角关系函数和暂态电压关系函数，这两组函数分别反映了暂态能量—功角变化特性和暂态能量—电压特性。通过对这些函数进行均值和归一化处理，得到了能量灵敏度函数指标，可以识别主导暂态失稳状态。

（3）控制策略的研究

控制策略的研究主要涉及两个关键点：控制地点确定和控制量确定。首先，基于暂态能量关系函数的指标对负荷节点和发电机节点排序，确定紧急控制地点。在控制量计算方面，通过研究暂态能量传输和转换，提出了基于暂态能量的控制量计算方法，分别根据不可消纳能量和有功功率之间对应的比例关系，计算切机控制比例和切除负荷控制比例，使系统最终恢复稳定。

## 7.4 算例分析

### 7.4.1 暂态功角失稳主导下的失稳模式识别与控制

基于本章提出的确定控制地点和计算控制量的方法，对以暂态功角失稳为主导的失稳模式和以暂态电压失稳为主导的失稳模式两种情况进行分析。采用新英格兰10机39母线系统，在时间0秒时，三相短路接地故障发生在母线26和母线27之间的90%处，该故障在0.3秒后得到清除。仿真过程中，仿真时间为5秒，仿真步长为0.01秒。针对故障情况，对母线25、26、27和39的电压进行分析，得到功率特性曲线和电压特性曲线如图7-4所示。

在图7-4中，38号发电机的功角不断增加，呈现出发散趋势，功角呈现失稳趋势。同时，母线25、26、27和39的电压持续振荡，电压低谷低至0.75p.u.以下，功角和电压都表现出明显的失稳特征，无法确定哪种状态是主导失稳模式。

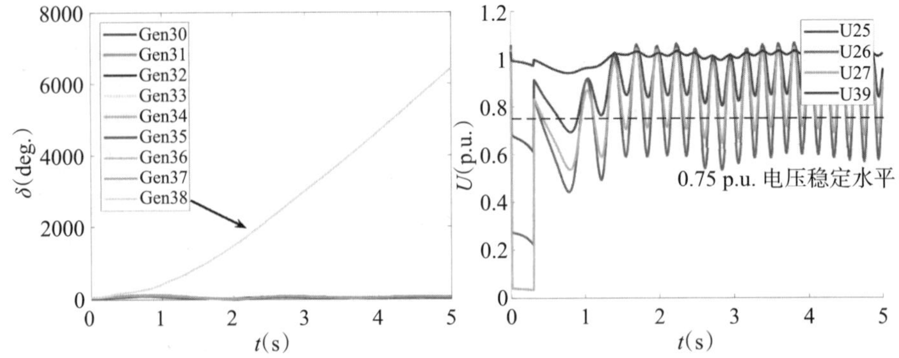

（a）故障后系统功角曲线　　（b）故障后系统电压曲线

图7-4　故障后系统的运行状态变化

基于本文所提方法计算得到能量灵敏度函数指标$S$见表7-3所列。在故障清除后的时间内，所计算的能量灵敏度指标值始终大于零，可以判断系统处于暂态功角失稳模式。为了使系统恢复稳定，需要采取切机控制措施。根据7.1.1节所提的优先级排序指标，对发电机母线进行排序。假设切机时间为0.45秒，根据该优先级排序指标对发电机母线进行排序，排前三位发电机母线列在表7-4中。从表7-4中可见，38号发电机处于切机的第一位。该结果与系统功角曲线中38号发电机失步趋势情况保持一致，需要对38号发电机施加切机控制措施。

**表7-3　能量灵敏度函数指标$S$的值**

| 时间(s) | 能量灵敏度函数指标$S$ |
|---|---|
| 0.29 | 0.039 |
| 0.30 | 0.049 |
| 0.31 | 0.058 |
| 0.32 | 0.060 |
| 0.33 | 0.065 |

**表7-4　发电机排序情况**

| 优先级序号 | 发电机编号 | 优先级指标$k_{Gi}$ |
|---|---|---|
| 1 | 38 | 6.512 |
| 2 | 37 | 3.254 |
| 3 | 34 | 2.589 |

根据7.2.1节的计算，在未实施任何控制措施情况下，得到临界清除角度为85.1度，对应的临界清除时间为0.24秒。同时，已知38号发电机机械功率为725兆瓦，在0.3秒内清除故障，此时功角为106.4度。根据7.2.2节所提的方法，计算得到各个紧急控制时刻需要消除的不可消纳能量和对应需要切除的有功功率，进而计算得到切机比例，列出各个紧急控制时刻的切机控制指标，见表7-5所列。同时，按照计算得到的切机比例$\lambda_g$施加切机控制措施，假设控制存在0.02 s的延时，得到控制后系统的稳定情况见表7-5所列。

**表7-5　切机控制指标计算与控制实施**

| 时间(s) | 多余能量 $E_{over}$(p.u.) | 切除功率 $\Delta P_G$(MW) | 切机比例 $\lambda_g$(%) | 控制后稳定状态 | 新临界清除角(度) |
|---|---|---|---|---|---|
| 0.45 | 7.8 | 251.4 | 42.7 | 稳定 | 101.3 |
| 0.50 | 12.6 | 424.5 | 51.5 | 稳定 | 109.4 |
| 0.55 | 14.1 | 491.4 | 61.6 | 稳定 | 112.3 |
| 0.60 | 15.7 | 590.6 | 71.7 | 稳定 | 108.7 |
| 0.65 | 19.7 | 733.8 | 86.3 | 稳定 | 116.5 |

根据表7-5的统计结果验证了本文所提的切机控制量计算方法的有效性。在实施控制措施后，因为运行条件的变化，系统将产生新的临界清除角和临界清除时间，根据表7-5的结果可知，一旦实施的切机控制措施有效，则新的临界清除角将大于原始临界清除角，即新的临界清除时刻比实际故障清除时刻要晚。根据临界清除角和临界清除时间的定义，当实际故障清除时刻早于临界清除时刻时，系统可以自行消除故障和扰动造成的不平衡，恢复到稳定状态。因此，只要施加控制后的新临界清除角大于或等于实际故障清除时刻的功角，表明实施的控制措施有效，系统能够恢复稳定。

### 7.4.2　暂态电压失稳主导下的识别与控制方法研究

在0.1秒时，将三相短路接地故障置于线路AC16的母线10和母线11之间，随后在0.4秒时将其解除。通过进行3秒的仿真并设置步长为0.005秒，采集系统的运行数据。根据这些数据，可以得到发电机功角曲线和母线电压曲线，如图7-5所示。

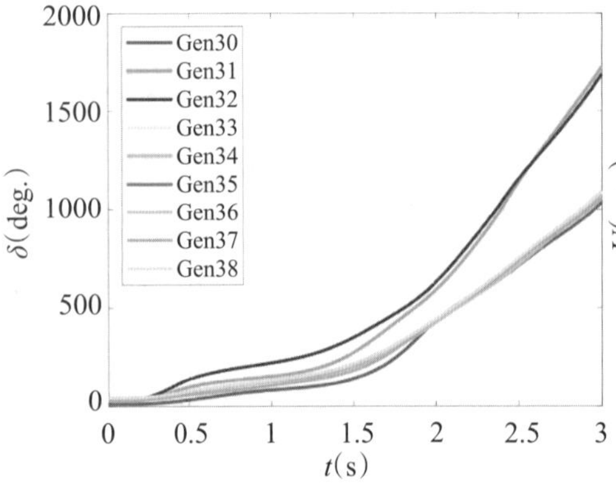

(a) 故障后系统功角曲线

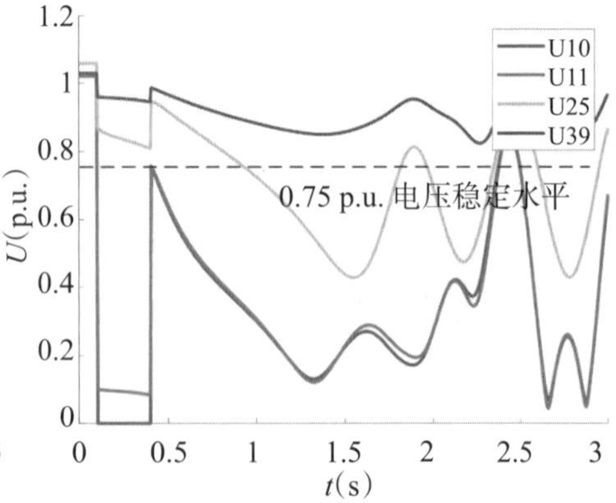

(b) 故障后系统电压曲线

图7-5　故障后系统失稳曲线图

根据图7-5（a），发电机30-38的功角差均增加。其中，31号和32号发电机与其他发电机出现明显的分群趋势，都属于功角失稳，但是失稳程度不同。在图7-5（b）中，故障清除后母线10和母线11的电压曲线仍急剧下降，并持续低于0.75p.u.，波动巨大，表明电压已经失稳。根据本文中提方法计算出的能量灵敏度函数指标列在表7-6中。在故障清除后，能量灵敏度函数指标$S<0$，系统处于暂态电压失稳状态，需要实施切负荷控制措施。

**表7-6　能量灵敏度函数指标的值**

| 时间(s) | 能量灵敏度函数指标 $S$ |
|---|---|
| 0.51 | –0. 071 |
| 0.52 | –0.067 |
| 0.53 | –0.064 |
| 0.54 | –0.056 |
| 0.55 | –0.069 |

根据本章所提方法，需要计算暂态能量电压关系函数来确定切负荷控制地点。先根据本章所提优先级指标方法计算出切负荷控制的优先级指标并进行排序，在0.53秒时实施切负荷控制措施，表7-7列出了排名前三的负荷切除点，负荷母线39是首先需要进行负荷切除的母线。

**表7-7　负荷母线排序情况**

| 优先级序号 | 负荷母线 | 优先级指标 $k_{Li}$ |
|---|---|---|
| 1 | 39 | 7.812 |
| 2 | 38 | 3.034 |
| 3 | 20 | 0.579 |

本章7.2.1节，已经计算了未施加控制措施的临界清除时间为0.38 s，39号负荷母线的原平衡有功功率为1098MW，现在计算各个紧急控制时刻需要消纳的过剩能量$E_{over}$，得到需要切除的功率$\Delta P_L$以及切负荷比例$\lambda_1$，最终计算得到不同控制时刻的负荷切除指标见表7-8所列。根据计算的负荷切除比$\lambda_1$结果，因为通信延迟等问题，假设控制延迟0.01秒，控制效果列在表7-8中。从该表可见，在0.52秒之前，系统可以通过切除负荷的控制措施来恢复到稳定状态。这证明了本文提出的切除负荷的控制量计算方法是有效的。但是，在0.52秒后，即使切断100%的负载，系统仍将失去稳定。在这种情况下，仅切除母线39上的负荷显然不能满足要求。

表7-8 负荷切除控制计算及实施效果

| 时间(s) | 不可消纳能量 $E_{over}$(p.u.) | 切除功率 $\Delta P_L$(MW) | 负荷切除比例 $\lambda_l$(%) | 控制效果 | 新故障临界清除时间(s) |
|---|---|---|---|---|---|
| 0.46 | 46.4 | 812.5 | 80.3 | 稳定 | 0.41 |
| 0.48 | 50.7 | 952.2 | 85.4 | 稳定 | 0.40 |
| 0.50 | 56.8 | 986.4 | 88.3 | 稳定 | 0.41 |
| 0.52 | 62.7 | 1097.5 | 96.5 | 稳定 | 0.40 |
| 0.54 | 71.2 | 1195.6 | 106.2 | 失稳 | 0.35 |

在表7-8中，通过观察临界清除时间，发现在0.52秒之前的减负荷控制措施使新的临界清除时间等于或大于实际故障清除时间。然而，在0.52秒后切除母线39上所有负载依然是无效的，会导致新的临界清除时间小于实际故障清除时间。这种情况下，需要结合多种控制措施进行协调控制来恢复系统稳定状态。

## 7.5 本章小结

在本章中，首先探讨了电力系统的紧急控制措施，并提出了一种新的紧急控制思想。该思想基于暂态能量关系函数，提出了一种排序方法来确定控制位置，以及基于暂态能量的控制量计算方法。这些方法为电力系统实施控制措施恢复系统稳定性提供了基础，并有效地识别主要的暂态失稳模式。基于以上研究，建立了从电力系统暂态稳定性分析到基于暂态能量函数的失稳模式识别与控制一整套策略。最后，通过在一个新英格兰10机39母线系统实例中验证本文提出的算法和策略，证明了其有效性。

# 参 考 文 献

[1] 张保会. 加强继电保护与紧急控制系统的研究提高互联电网的安全防御能力[J]. 中国电机工程学报,2004,24(7):1-6.

[2] 徐泰山,许剑冰,鲍颜红,等. 互联电网预防控制和紧急控制在线预决策系统[J]. 电力系统自动化,2006,30(7):1-4.

[3] Schlueter R A, Hu I P, Chang M W, et al. Methods for determining proximity to voltage collapse[C]. IEEE Transactions on Power Systems, 1991, 6(1):285-292.

[4] 宗秀红,张尧,武志刚. 电压稳定的概率特征根分析[J]. 中国电机工程学报,2006,26(8):61-65.

[5] Liu C W, Chang C S, Jiang J A, et al. Toward a CPFLOW-based algorithm to compute all the type-1 load-flow solutions in electric power systems[J]. Transactions on Power Systems, 2005, 52(3):625-630.

[6] Potamianakis E G, Vournas C D. Short-term voltage instability: effects on synchronous and induction machines[J]. Transactions on Power Systems, 2006, 21(2):791-798.

[7] Capitanescu F, Van C T. Unified sensitivity analysis of unstable or low voltages caused by load increases or contingencies [J]. IEEE Transactions on Power System, 2005, 20(1):321-329.

[8] Amjady N, Esmaili M. Application of a new sensitivity analysis framework for voltage contingency ranking[J]. IEEE Transactions on Power Systems, 2005, 20(2):973-983.

[9] Flatabo N, Fosso. O. B. A method for calculation of margin to voltage instability applied on the Norwegian system for maintaining Required security level[J]. IEEE Transactions on Power System, 1993, 8 (3): 920-928.

[10] Capitanescu F, Van C T. Unified sensitivity analysis of unstable or low voltages caused by load increases or contingencies [J]. IEEE Transactions on Power System, 2005, 20 (1):321-329.

[11] 江伟，王成山，余贻鑫，等. 电压稳定裕度对参数灵敏度求解的新方法[J]. 中国电机工程学报，2006，26(2)：13-18.

[12] Saied M M. An Approach to the Assessment of Voltage Quality Based on a Modified Power Acceptability Curve[J]. IEEE Transactions on Power Systems，2007，22(1)：613-618.

[13] 周双喜，朱凌志，郭锡玖，等. 电力系统电压稳定性及其控制[M]. 北京：中国电力出版社，2003.

[14] 刘永强，严正，倪以信，等. 基于辅助变量的潮流方程二次转折分岔点的直接算法[J]. 中国电机工程学报，2003，23(5)：9-13.

[15] 李华强，刘亚梅，N. Yorino. 鞍结分岔与极限诱导分岔的电压稳定性评估[J]. 中国电机工程学报，2005，25(24)：56-60.

[16] 马平，蔡兴国. 电压稳定分析中支路型故障筛选及排序算法研究[J]. 中国电机工程学报，2007，27(1)：44-48.

[17] 徐志友，纪延超，牟宪民，等. 静态电压稳定性的临界特性和最小稳定裕度的确定[J]. 中国电机工程学报，2006，26(6)：24-29.

[18] Kannan S，Jayaram S，Salama M M A. Real and reactive power coordination for a unified power flow controller[J]. IEEE Transactions on Power Systems，2004，19(3)：1454-1461.

[19] 刘道伟，谢小荣，穆刚，等. 基于同步相量测量的电力系统在线电压稳定指标[J]. 电机工程学报，2005，25(1)：13-17.

[20] 傅旭，王锡凡. 电力系统静态电压稳定性在线监控(二)—— 一种在线确定负荷裕度的方法[J]. 电力自动化设备，2005，25(9)：25-28.

[21] 陈为化，江全元，曹一家. 基于风险理论和模糊推理的电压脆弱性评估[J]. 中国电机工程学报，2005，25(24)：20-25.

[22] Ei-keib A A，Ma X. Application of artificial neural networks in voltage stability assessment[J]. IEEE Transactions on Power Systems，1995，10(4)：1890-1896.

[23] Overbye T J，Demarco C L. Voltage security enhancement using energy based sensitivities [J]. IEEE Transactions on Power Systems，1991，6(3)：1196-1202.

[24] Qin Zhou，Davidson J，Fouad A A. Application of Artificial Neural Networks in pow-

er system security and vulnerability assessment[J]. IEEE Transactions on Power System,1994,9(1):525-532.

[25] Fouad A A, Qin Zhou, Vittal V. System vulnerability as a concept to assess power system dynamic security[J]. Power Systems on Power Systems,1994,9(2):1009-1015.

[26] 蔡国伟,穆刚,K. W. Chan,等. 基于网络信息的暂态稳定性定量分析——支路势能法[J]. 中国电机工程学报,2004, 24(5):1-6.

[27] Xingbin Yu, Singh C. A practical approach for integrated power system vulnerability analysis with protection failures[J]. IEEE Transactions on Power Systems, 2004, 19(4):1811-1820.

[28] 陈为化,江全元,曹一家. 基于风险理论的复杂电力系统脆弱性评估[J]. 电网技术,2005,29(4):12-17.

[29] Doorman. G. L, Uhlen. K, Kjolle. G, et al. Vulnerability analysis of the Nordic power system[J]. IEEE Transactions on Power Systems,2006, 21(1):402-410.

[30] 曹一家,陈晓刚,孙可. 基于复杂网络理论的大型电力系统脆弱线路辨识[J]. 电力自动化设备, 2006, 26(12):1-5.

[31] 丁明,韩平平. 基于小世界拓扑模型的大型电网脆弱性评估算法[J]. 电力系统自动化,2006,30(8):7-10.

[32] Juhwan Jung Chen-Ching Liu. Multi-Agent technology for vulnerability assessment and control[C]. 2001 IEEE Power engineering society summer metting, 2001, 2: 1287-1292.

[33] Qin Zhou, Davidson. J. Fouad. A. A. Application of Artificial Neural Networks in Power System Security and Vulnerability Assessment[J]. IEEE Transactions on Power Systems,1994, 9(1):525-532.

[34] 符国晖,林子钊,王铁辉. 识别输电网络脆弱环节的新方法[J]. 电力建设,2003,24(2):27-29,56.

[35] 曹一家, 陈晓刚, 孙可. 基于复杂网络理论的大型电力系统脆弱线路辨识[J]. 电力自动化设备,2006,26(12):1-5.

[36] 陈晓刚,孙可,曹一家. 基于复杂网络理论的大电网结构脆弱性分析[J]. 电工技术学报,2007,22(10):138-144.

[37] 丁明,韩平平. 基于小世界拓扑模型的大型电网脆弱性评估算法[J]. 电力系统自动化,2006,30(8):7-10.

[38] 王锡凡. 现代电力系统分析 [M]. 北京:科学出版社, 2003.

[39] 苏思敏. 基于混合积分法的电力系统暂态稳定时域仿真 [J]. 电力系统保护与控制, 2008, (15): 63-6.

[40] REN J, OH K S. Multiple Edge Responses for Fast and Accurate System Simulations [J]. IEEE Transactions on Advanced Packaging, 2008, 31(4): 741-748.

[41] 刘杨帆, 杨金成, 刘艳芳. 电力系统暂态稳定直接法的前沿追踪与述评 [J]. 电气开关, 2016, (3): 11-14.

[42] 黄夏楠. 基于能量传输函数的电力系统暂态稳定评估及控制策略研究 [D]. 中国电力科学研究院, 2018.

[43] MOON Y H, LEE E H. Development of an energy function reflecting the transfer conductances for direct stability analysis in power systems [J]. IEE proceedings Part C, 1997, 144(5): P. 503-9.

[44] MOON, YOUNG-HYUN, CHO, et al. The Development of Equivalent System Technique for Deriving an Energy Function Reflecting [J]. IEEE Transactions on Power Systems, 1999.

[45] KAMWA I, SAMANTARAY S R, JOOS G. Development of rule-based classifiers for rapid stability assessment of wide-area post disturbance records [J]. IEEE, 2010, 1-6.

[46] CHEN M, LIU Q, CHEN S, et al. XGBoost-Based Algorithm Interpretation and Application on Post-Fault Transient Stability Status Prediction of Power System [J]. IEEE Access, 2019, 13149-13158.

[47] ZHANG F, LIU Q, LIU Y, et al. Novel Fault Location Method for Power Systems Based on Attention Mechanism and Double Structure GRU Neural Network [J]. IEEE Access, 2020, PP(99): 75237-75248.

[48] LIU Y, LIU Q, HU F, et al. Transient stability assessment for power system with wind farm considering the stochasticity [J]. International Transactions on Electrical Energy Systems.

[49] 侯俊贤，韩民晓，董毅峰，等. 基于振荡中心和电压形态的暂态功角失稳和电压失稳判断方法 [J]. 电网技术，2016，40(05)：1509-1515.
[50] 汤涌，林伟芳，孙华东，等. 基于戴维南等值跟踪的电压失稳和功角失稳的判别方法 [J]. 中国电机工程学报，2009，29(25)：1-6.
[51] 吴为，汤涌，孙华东，等. 电力系统暂态功角失稳与暂态电压失稳的主导性识别 [J]. 中国电机工程学报，2014，34(31)：5610-5617.
[52] 王少博，张文朝，党杰，等. 暂态功角失稳和电压失稳的模糊综合评判方法 [J]. 电网与清洁能源，2017，33(3)：77-83.
[53] 黎晓，刘崇茹，辛蜀骏，等. 暂态功角稳定与暂态电压稳定的耦合机理分析与耦合强度评估指标 [J]. 中国电机工程学报，2021，41(15)：5091-5106.
[54] 周双喜. 电力系统电压稳定性及其控制 [M]. 电力系统电压稳定性及其控制，2004.
[55] 赵晋泉，邓晖，吴小辰，等. 基于广域响应的电力系统暂态稳定控制技术评述 [J]. 电力系统保护与控制，2016，44(05)：1-9.
[56] 柴宇. 基于网络局部能量的切机/切负荷策略研究 [D]. 吉林：东北电力大学，2008.
[57] 任伟，房大中，陈家荣，等. 大电网暂态稳定紧急控制下切机量快速估计算法 [J]. 电网技术，2008，32(019)：10-15.
[58] 黄丹. 基于广域响应的电力系统暂态稳定实时判别及紧急控制研究 [D]. 北京：北京交通大学，2018.
[59] 赵晋泉，邓晖，徐光虎，等. 基于区间联络线能量预测的暂态稳定紧急切机控制（二）工程案例 [J]. 电力自动化设备，2016，(36)：108-112.
[60][53] 王佳丽，刘涤尘，廖清芬，等. 基于暂态能量的电力系统切机控制措施 [J]. 电力系统保护与控制，2016，44(10)：1-9.
[61] TUGLIE E D，DICORATO M. A corrective control for angle and voltage stability enhancement on the transient time-scale [J]. IEEE Transactions on Power Systems，2000，15(4)：1345-1353.
[62] 林舜江，刘明波，周欣，等. 暂态电压安全紧急切负荷控制优化研究 [J]. 电力系统保护与控制，2010，38(11)：18-24.
[63] BHUI P，SENROY N. Real-Time Prediction and Control of Transient Stability Using Transient Energy Function [J]. IEEE Transactions on Power Systems，2017，32(2)：923-934.

[64] Lee D J，Wang L. Small-Signal Stability Analysis of an Autonomous Hybrid Renewable Energy Power Generation/Energy Storage System Part I：Time-Domain Simulations [J]. IEEE Transaction on Energy Conversion，2008，23(1)：311-320.

[65] Yang D，Ajjarapu V. A decoupled time-domain Simulation method via Invariant subspace partition for power system analysis [J]. IEEE Transactions on Power Systems，2006，21(1)：11-18.

[66] Kamwa I，Gerin-Lajoie L. State-space system identification-toward MIMO models for modal analysis and optimization of bulk power systems[J]. IEEE Transactions on Power Ststems，2000，15(1)：326-335.

[67] Hashimoto H，Taoka H，Yiwei Zhang，Boming Zhang. An integrated approach to dynamic security assessment and control of power systems[C]. International Conference on Power System Technology，PowerCon 2000 Proceedings，2000，3：1269-1274.

[68] Shaaban. H. New decomposition-aggregation approach applied to power system with speed governor[J]. IEE Proceedings-Generation，Transmission and Distribution，1991，138(5)：434-444.

[69] Kakimoto N，Ohnogi Y，Matsuda H. Transient Stability Analysis of Large-scale Power System by Lyapunov's Direct Method[J]. IEEE Trans. PAS，1984，103(1)：160-167.

[70] Michel A N，Fouad A A，Vittal V. Power System Transient Stability Using Individual Machine Energy Functions[J]. IEEE Transactions on Circuits and Systems，1983，CAS-30(5)：266-276.

[71] Xue Y，Van Cutsem. T，Ribbens-Pavella M. A simple direct method for fast transient stability assessment of large power systems [J]. IEEE Transactions on Power System，1988，3(2)：400-412.

[72] 薛禹胜. 运动稳定性量化理论-非自治非线性多刚体系统的稳定性分析[M]. 南京：江苏科学技术出版社，1999.

[73] 薛禹胜. EEAC与直接法的机理比较(二)——壁垒点与观察点[J]. 电力系统自动化，2001，25(12)：1-7.

[74] 薛禹胜. EEAC与直接法的机理比较(三)——定性判稳与定量分析[J]. 2001，25(13)：1-5.

[75] Y Mansour，E Vaahedi，K Demaree，T Athay B C. Hydro's On-Line Transient Stabili-

ty Assessment Model Development Analysis and Post-processing[J]. IEEE Transactions on Power Systems, 1995, 10(1): 241-253.

[76] T Athay, R. Podmore, S Virmani. A Practical Method for the Direct Analysis of Transient Stability[J]. IEEE Transactions on Power Apparatus and Systems, 1979, PAS-98 (2): 573-584.

[77] Hsiao-Dong Chiang. Study of the existence of Energy Functions for Power Systems with Losses[J]. IEEE Transactions on Circuits and Systems, 1989, 36(11): 1423-1429

[78] Fouad A A, Vittal V. Power System Transient Stability Analysis using the Transient Energy Function Method[M]. New Jersy: Prentice Hall, 1991.

[79] Chung T S, Dazhong F. Stability Issues and New Techniques for on-lineTransient stability Analysis[J]. Asia Electric Power System Research, 1998, (44): 45-52.

[80] Bergen A R, Hill D J. A Structure Preserving Model for Power System Stability Analysis[J]. IEEE Trans. on Power Apparatus and Systems, 1981, 100(1): 25-35.

[81] Narasimhamurhi N, Musavi M R. A General Energy Function for Transient Stability Analysis of Power System [J]. IEEE Transactions on Circuits and Systems, 1984, 31 (7): 637-645.

[82] Tsolas N, Arapostathis N, Varaiya P. A Structure Preserving Energy Function for Power System Transient Stability Analysis[J]. IEEE Trans. on Circuit and Systems, 1985, 32(10): 1041-1049.

[83] 余贻鑫,王成山. 电力系统稳定性理论与方法[M]. 北京:科学出版社,1999.

[84] Bretas N G, Alberto L F C. Lyapunov Function for Power Systems with Transfer Conductance: Extention of the Invariance Principle[J]. IEEE Transactions on Power Systems, 2003, 18(2): 769-777.

[85] Rodrigues H M, Alberto L F C, Bretas N G, On the invariance principle, generations and applications to synchronism[J]. IEEE Transactions on Circuits and Systems, 2000, 47(5): 730-739.

[86] R B L Guedes, A C P Martins, L F C Alberto. An extended energy function for voltage collapse analysis considering voltage dependent load models[C]. IEEE Boloena Power Tech Conference, 2003.

[87] H D Chiang, F F Wu, P P Varaiya. Foundations of the Potential Energy Boundary Surface Method for Power System Transient Stability Analysis[J]. IEEE Trans. CAS-35, 1988, pp:712-728.

[88] Hsiao-Dong Chiang, Fekih-Ahmed, L. Quasi-stability regions of nonlinear dynamical systems: optimal estimations. Circuits and Systems I: Fundamental Theory and Application[J]. IEEE Transactions on Circuits and Systems, 1996, 43(8):636-643.

[89] Jaewook Lee, Hsiao-Dong Chiang. Stability regions of non-hyperbolic dynamical systems: theory and optimal estimation[C]. The 2000 IEEE International Symposium, ISCAS 2000 Geneva, 2000.

[90] Y h Moon, E H Lee, T H Roh. Development of an energy function reflecting the transfer conductances for direct stability analysis in power systems[J]. IEE Proc. -Gener. Transm. and Distrib. 1997, 144(5):503-509.

[91] Young-Hyun, Byoung-Hoon Cho, Tae-Hoon Rho. The development of equivalent system technique for deriving an energy function reflecting transfer conductances[J]]. IEEE Transactions on Power Systems, 1999, 14(4):1335-1341.

[92] T. J. Overbye, M. A. Pai and P. W. Sauer. Some aspects of the energy function approach to angle and voltage stability analysis in power systems[C]. Proceedings of the 31st Conference on Decision and Control, Tucson, Arizons, 1992.

[93] 陈磊,闵勇. 考虑暂态电压跌落限制的直接法暂态稳定分析[J]. 电力系统自动化, 2006, 30(21):6-10.

[94] Madeleine Gibescu, Chen-Ching Liu, Hiroyuki Hashimoto. Energy-based stability margin computation incorporating effects of ULTCs[J]. IEEE Transactions on Power Systems, 2005, 20(2):843-851.

[95] Soumen Ghosh, Badrul H. Chowdhury. Security constrained optimal rescheduling of real power using Hopfield Neural Network[J]. IEEE Transactions on Power Systems, 1996, 11(4):1743-1748.

[96] 蔡国伟,穆刚,柳焯,等. 定义于输出轨迹的网络暂态能量函数[J]. 电力系统自动化, 1999, 23(5):28-32.

[97] 蔡国伟,穆刚,K. W. Chan,等. 基于网络信息的暂态稳定性定量分析—支路势能法

[J]. 中国电机工程学报,2004,24(5):1-6.
[98] 万秋兰,单渊达. 对应用暂态能量函数法分析电力系统暂态稳定性的评价[J]. 电力系统自动化,2001,25(6):57-59.
[99] 王成山,余旭阳. 基于暂态能量函数的暂态稳定概率分析方法[J]. 电力系统自动化,2003,27(6):5-9.
[100] 余涛,韦曼芳,陈家荣. 暂态能量函数法在地区电网黑启动辅助决策中的应用[J]. 电力系统自动化,2006,30(13):73-78.
[101] Hsiao-Dong Chiang, Lazhar Fekih-Ahmed. Quasi-stability regions of nonlinear dynamical systems optimal estimations[J]. IEEE Transactions on Circuits and System-I: Fundamental Thoery and Applications,1996,43(8):636-643.
[102] 傅旭, 王锡凡, 杜正春. 电力系统电压稳定性研究现状及其展望[J]. 电力自动化设备, 2005, 25(2): 1-9.
[103] 傅旭,王锡凡. 电力系统静态电压稳定性在线监控(一)—— 一种可在线应用的计及负荷静态特性的电压稳定指标[J]. 电力自动化设备. 2005,25(8):23-26.
[104] 傅旭,王锡凡. 电力系统静态电压稳定性在线监控(二)—— 一种在线确定负荷裕度的方法[J]. 电力自动化设备,2005,25(9):25-28.
[105] 江伟, 王成山, 余贻鑫, 等. 电压稳定裕度对参数灵敏度求解的新方法[J]. 中国电机工程学报, 2006, 26(2):13-18.
[106] Flatabo N, Fosso O B. A method for calculation of margin to voltage instability applied on the Norwegian system for maintaining Required security level[J]. IEEE Transactions on Power System, 1993, 8 (3): 920-928.
[107] Ei-keib A A, Ma X. Application of artificial neural networks in voltage stability assessment[J]. IEEE Transactions on Power Systems,1995, 10(4):1890-1896.
[108] 李兴源,王秀英. 基于静态等值和奇异值分解的快速电压稳定性分析方法[J]. 中国电机工程学报,2003,23(4):1-4,20.
[109] 刘永强, 严正, 倪以信, 吴复立. 基于辅助变量的潮流方程二次转折分岔点的直接算法[J]. 中国电机工程学报, 2003, 23(5):9-13,169.
[110] 李华强,刘亚梅, N. Yorino. 鞍结分岔与极限诱导分岔的电压稳定性评估[J]. 中国

电机工程学报,2005,25(24):56-60.

[111] 陈为化,江全元,曹一家.基于风险理论和模糊推理的电压脆弱性评估[J].中国电机工程学报,2005,25(24):20-25.

[112] Overbye T J, Dobson I. Q-V curve interpretations of energy measures for voltage security [J]. IEEE Transactions on Power Systems, 1994, l9(1):331-337.

[113] 刘群英,刘俊勇,刘起方.基于支路势能信息的电网脆弱性评估[J].电力系统自动化,2008(10):6-11.

[114] 刘群英,刘俊勇,刘起方.节点势能架构下的电压脆弱性评估[J].中国电机工程学报,2008(25):30-37.

[115] 程浩忠,吴浩.电力系统无功电压稳定性[M].北京:中国电力出版社,2004.

[116] 周双喜,朱凌志,郭锡玖,等.电力系统电压稳定性及其控制[M].北京:中国电力出版社,2003.

[117] 方勇杰.模型不确定性对自适应闭环紧急控制设计影响的探讨 [J].电力系统自动化, 2011, 35(16): 49-53.

[118] 李光琦.电力系统暂态分析 [M].电力系统暂态分析, 2007.

[119] 张保会, 杨松浩, 王怀远.电力系统暂态稳定性闭环控制(一)——简单电力系统暂态不稳定判别原理 [J].电力自动化设备, 2014, 34(8): 1-6.

[120] 张保会, 杨松浩, 王怀远,等.电力系统暂态稳定性闭环控制(二)——多机电力系统暂态不稳定判别方法 [J].电力自动化设备, 2014, 34(009): 1-6.

[121] 王义红, 梅生伟.基于稳定裕度指标的暂态电压稳定分析 [J].电工电能新技术, 2007, 26(2): 39-44.

[124] 汤蕾, 沈沉, 王志文, 等.基于端口供给能量的特高压电网扰动冲击传播机理分析 [J].高电压技术, 2015, 41(003): 824-831.

[125] 胡永强, 陈长胜, 赵书强,等.一种多频振荡场景下的失稳模式划分方法 [J].电力系统自动化, 2016, 40(04): 19-25.